友谊
朋友是一生的财富

青春励志系列

陈志宏 ◎ 编著

延边大学出版社

图书在版编目（CIP）数据

友谊：朋友是一生的财富/陈志宏编著.— 延吉：延边大学出版社，2012.6（2021.10 重印）
（青春励志）
ISBN 978-7-5634-4865-4

Ⅰ.①友… Ⅱ.①陈… Ⅲ.①友谊—青年读物 Ⅳ.① B824.2-49

中国版本图书馆 CIP 数据核字 (2012) 第 115145 号

友谊：朋友是一生的财富

编　　著：陈志宏
责任编辑：林景浩
封面设计：映像视觉
出版发行：延边大学出版社
社　　址：吉林省延吉市公园路 977 号　邮编：133002
电　　话：0433-2732435　传真：0433-2732434
网　　址：http://www.ydcbs.com
印　　刷：三河市同力彩印有限公司
开　　本：16K　165 毫米 ×230 毫米
印　　张：12 印张
字　　数：200 千字
版　　次：2012 年 6 月第 1 版
印　　次：2021 年 10 月第 3 次印刷
书　　号：ISBN 978-7-5634-4865-4
定　　价：38.00 元

版权所有　侵权必究　印装有误　随时调换

前 言

友情是生命的绿洲，是山间的甘泉，是感伤时的缓和剂、孤寂时的心灵港湾。没有友谊，生命之树就会在时间的涛声中枯萎；没有友谊，心灵之壤就会在季节的变奏里荒芜。

谁不想获得温馨的友情？谁不想拥有心灵相通的朋友？那么，你有这样的好朋友吗？怎样才能结交到这样的朋友？

此书精心编撰了古今中外各界名人的交友故事和交友之道，旨在启迪我们：朋友是心灵的休憩地，需要我们用出一颗真心来坦诚相见；"道之不同，友之不存"，真正的朋友能同舟共济共担风雨；朋友不是一掷千金"讲哥儿们义气"，更不是"酒肉朋友"……

浅显的语言，精辟的论述，相信总会有一个人、一段故事、一个观点或仅仅一句话，能触动我们的心弦，引起我们的共鸣。

目录

第一篇　人脉是金

人际关系比钻石还要珍贵	2
好人缘可以为自己带来好机缘	4
有水平不如有人缘	6
人脉会聚能量	7
与其临渊羡鱼，不如退而结网	9
人脉助你成功	10
创造机会与人相识	13
朋友可以为你出谋划策	15
人情最重要，人情账户别含糊	17
让优秀人物成为我们生命中的领路人	19
沟通其实并不难	21

第二篇　人生万难，识人最难

学会识别他人	26
透过眼睛看心灵	27

透过细节看本质	29
透过表象看内涵	31
对言外之意要仔细斟酌	33
患难之时好识人	36
日久见人心	38
暗地里更容易看清人	40
小心忌妒之箭	42
知人一定要知心	43

第三篇　拥有良好的交友心态

帮助他人成功，就是帮助自己	48
替别人着想更有说服力	50
用温情融化他人心中的坚冰	51
以低姿态出现在人们面前	52
尊重他人的意愿就是尊重自己	54
使人们自愿去做你想要他们做的事	56
别把别人的隐私不当回事	59
情利分明，不走极端	62
乐于忘记是一种心理平衡	64
要尽量与人亲善	66
时刻顾及别人的面子	68
要勇于承认自己的错误	71
宽容地对待每个人，避免偏见	73
忍小节者能干大事	75

第四篇　动人的谈吐是受欢迎的资本

事业的成功需要良好的谈吐	78
好谈吐换来好人缘	81
好谈吐让你在社交中游刃有余	83
通过得体的言谈举止拉近距离	86
说话要懂得察言观色	88
学会说"应变"的话	92
善用比喻讲道理	94
用严谨的语言逻辑说服人	96
妙用激将法，打动人心	98
幽默的谈吐是人际交往的润滑剂	101
谈吐幽默的人最受欢迎	104
破解幽默的"招数"	107
学会用宽容的胸怀和同事交往	118
当众说话有技巧	120

第五篇　把握好交际的分寸与技巧

办事留余地，要给别人台阶下	126
懂得看时机，借势而用易成功	129
友情投资要走长线	132
诚心才能带来友谊	133
真正关心和喜欢别人的人会无往不利	136
不要谈论别人的短处	139
让你的朋友表现得比你更优秀	142

一定要努力控制好自己的情绪	144
把人情做足	145
千里送鹅毛，礼轻情意重	147
送礼要送到心坎上	149

第六篇　友情也需要经营

志同道合才有共同目标	154
有的朋友不能与他合作	156
我们所责备的人，都会为自己辩护或进行反驳	157
对人的态度多随和	159
用间接的方式委婉艺术地表达自己的想法	160
获得好感的好方法就是牢记别人的姓名	162
一句普普通通赞美的话有时会收到意想不到的效果	164
在生活中随时随地都可以赞美别人	167
赞美别人一定要由衷、诚恳	169
适时给别人喝彩和掌声	171
满足对方的欲望	173
背地里不做亏心事	174
朋友的成果不可占	176
优势互补才能彼此互惠	178
求朋友帮忙，要让他知道成事后的好处	181

第一篇

人脉是金

人际关系比钻石还要珍贵

天下如果有飞不起来的气球，那是因为它没有被打气；天下如果有一辈子都不走运的人，那是因为他没有足够的关系积累！能够对你有所帮助的人，不是毫无机缘地就会出现。关系网络的建设需要你用心地寻找和发现，需要积极主动地投入和参与。

"假舆马者，非利足也，而至千里，假舟楫者，非能水也，而绝江河"，能任用贤能的人可得天下，因为贤能是天下的顶梁柱，善谋大事者往往善借贤能之力。

汉高祖刘邦平定天下之后，在洛阳的庆功宴上就曾说过这样的话："运筹帷幄之中，决胜千里之外，吾不如子房；镇国家，抚百姓，给馈，不绝粮道，吾不如萧何；连百万之军，战必胜，攻必取，吾不如韩信。此三者，皆人杰也。吾能用之，此所以取天下也。项羽有一范增而不能用，此所以为我所擒也。"

刘邦还是很有自知之明的，他知道自己不是全才，在很多方面不如自己的下级。他之所以能打败不可一世的楚霸王项羽，一统天下，是因为重用了一些在某些方面比自己能力更强的人。而恰恰是在这一点上，刘邦表现出了一个统帅最值得称道的品格和能力。

打天下如此，做任何事业也莫不如此。

从刘邦身上，我们看到的最明显的优秀品质就是：超人的交际能力。善于结交朋友，建立有效的关系圈，寻求前辈们的指导，对每个人来说都是基本的人脉技能。你必须和主流文化的人们自然和谐地相处。你必须充满自信地参与社交活动，接受人们对你表示的友好，最重要的是，向别人主动展示你的好意。许多人抱怨没有机会，实际上他们有许多机会，只是需要他们在周围和种种潜力中，在比钻石更珍贵的能力中发掘机会。

很多人都认为，读MBA75%的作用在于可以建立起强大的人际关系网，因为就学期间的同学大都是颇有实力和决定性作用的人物，他们都是业内的佼佼者，这些关系都是一笔不可多得的财富，他们今后可能获得更大的发展，这就会为你的事业带来帮助。在家门口读MBA可以建立起实用的人脉网，在国外读MBA，同学会遍布全世界，为将来进入全球化性质很强的领域，比如银行、投资等领域，提供强大的资源。MBA学习最重要的功能之一就是结识一批"人尖"——本行业的精英们可能都坐在你的课堂上，从而建立宽广深厚的关系，同班同学、校友就是自己经营未来事业的支撑。如果没有这一点人脉支持，MBA就会贬值很多，这就是名校MBA最大的魅力。一个世界级的关系网是千金难买的财富。

一流大学的魅力相当程度上来自它的人脉圈子，如果就读于最好的大学，你必然会结识一批你这个时代最杰出的年轻人。这就是，为什么我们翻开历史会有那么多名人都是校友，都是同学。这也就是我们所说的名门望族。

很多人看了参加企业商学院培训的名单后都会惊叹，有绝大多数人都是他们生意上或者潜在生意上的合作伙伴，能在一起学习对每个人的好处是不可估量的。另一方面，各个大公司也非常希望与客户们保持良好的互惠互利关系，校友资源是潜在的财富。越来越多的企业逐步重视起MBA教育的人际关系效应。越来越多的企业不惜花费大量金钱构筑自己的"人脉关系网"。有些企业赞助的商学院是花钱请人来上课的，班上很多学员都是免费的。他们服务的对象是中高级的管理阶层，因为企业最愿意那些最能影响企业发展的人参与这种教育。校友是一种人际资源，只要是资源就不可能是免费的，但是一旦有了这个可靠的、能发挥作用的关系网，对公司将会意味着什么呢？北京大学光华管理学院有6个EMBA班，其中3个是诺基亚公司出资办的。光华管理学院与诺基亚公司合办的EMBA班中，学员主要是电信运营商和政府高级官员，这些人都是可以影响公司生意的关键性人物。所以有人说，诺基亚是"项庄舞剑，意在沛公"。EMBA班上会集的是国内外管理界的精英，通过一起学习，自然会建立起非常牢固的同学关系，这对公司来说，就是发展的利器之一。

做人感悟

　　虽说是金子就会闪光，但那也需要有人能看见光。千里马还需要伯乐呢。人脉是一盏灯，是人生的山穷水尽处，给你指引柳暗花明又一村

的佳径；人脉是金，它拥有无穷的力量。

好人缘可以为自己带来好机缘

吴火狮是台湾新光集团的创办人。

吴火狮白手起家，经过多年的努力，终于有所成就。在谈及自己的成功时，他颇为得意的成功之道只有两点：一是不断突破；二是积累人缘。

吴火狮说："人和会带来肥水。"这句话足以证明他懂得珍惜与人的友谊，努力创造人和的局面。他纵横商场，平常待人圆满周到，极少树敌。后来虽贵为大富豪，仍无娇贵之气，与三教九流亦能打交道，并且融洽相处，所以人缘很好。

吴火狮对员工十分亲切，员工无论何时见到他时，都能看见他善意的微笑。

他很喜欢与部属接近，工作之余，握手寒暄，闲话家常。每年分发奖金分红，都由他亲手分送。他记忆力特强，能记住每一位部属的姓名。

有位老职员，曾因病开刀。在手术那天，他每隔数小时打越洋电话问候。公司的人，莫不感受他的温暖与关怀。在他的公司里，上下一团和气，有意见可以尽管提，他会欣然接受。

吴火狮以和气打造公司的氛围，让公司有家一样的温暖。他以真心对待工人，认为彼此能一同工作一同奋斗就是"缘"，既然有缘，就应惜缘。老板、工人之间，形成一个事业大核心，同心协力，企业怎能不成功呢！

有一个大学生曾被公认为是全班学习最差的人，以致大家都认为他不会有出息，大学毕业挥手告别时，还有很多人预言十年后的相聚，他会成为失败者之一。

十年很快过去了，聚会如期举行。聚会到高潮，每人都上台讲述自己的现状和理想。该他上台了，他沉着而冷静地说道："我目前拥有一家公司，总资产超千万，远远超过我走出校门的理想。如果说我还有什么理想的话，我就是希望以我的能力尽可能地帮助别人。"

同学们异常诧异,这个学习不好的同学靠什么成功了呢?有人按捺不住,前去问他。

他说:"我上学的时候成绩不好,我一直都有点儿自卑,感觉每一个人都有特长,都比我强,我就努力向别人学习,主动与别人接触。慢慢地我发现我的人缘变得好起来了,真是无心插柳柳成荫,我做生意也顺畅了许多。如今,我依然努力学习别人,尽可能多地与别人交往,因为,好人缘能创造财富。"

表面上看来,人缘不是人们直接获得的财富,却是一种潜在的资源。如果没有它,你就很难聚敛财富。不是吗?即使你拥有很扎实的专业知识,而且是个彬彬有礼的君子,还具有雄辩的口才,却不一定能够成功地促成一次商谈。但如果有好人缘,有人帮助你,你的成功概率就会大一些。

一个刚踏上工作岗位的年轻人讲过他自己的一件事。第一天上班前,父亲把他拉到身边,问他:"你知道在社会上立足的关键是什么吗?"

"是学历吗?"

"不对。"

"是知识吗?"

"不对。"

"是能力吗?"

"不对。"

"那是?……"年轻人大惑不解地望着父亲。

父亲说:"是好人缘!"

知识、学历、能力是在同等职位上的人都差不多的,而你若拥有好人缘,你就会更多一些机会。其实,人缘的魅力不仅在工作中,在创业上也是如此。

当你想要开创自己的事业时,必须具备哪些条件呢?

首先便是资金,而资金在银行里。

技术呢?这也不用担心,因为有人以贩卖技术为生,当然也能够买得到。即使找不到也买不到,和其他公司进行技术合作也是可行的。

所以,事业开展最重要的因素,而且经常是成功与否的关键,便是人缘。

做人感悟

人缘、技术、资金这三大条件的核心就是"人缘"。如果你有足够丰富的人缘资源，那么资金和技术问题就能迎刃而解了。可见，"人缘"是事业走向成功的关键。

有水平不如有人缘

做事先做人，既要讲究游戏规则，也要讲世故人情。一味讲规则，板起面孔公事公办；或者，一味讲利害，扳起指头精打细算，一定做不好人办不好事。

美国哈佛大学教授团曾于1924年在芝加哥某厂做"如何提高生产率"的实验，他们发现，人际关系是提高生产率的关键所在，"人际关系"一词由此而生。后来，人们进一步发现，事业成功、家庭幸福、生活快乐都与人际关系密切相关。影响人生成功的因素中，专业技能仅占15%，人际沟通能力要占85%。因此，可以说"好学问、好水平不如好人缘"，绝非夸大其词。

好人缘上借力的关键。一个人素质再高，如果他只是将本身的能量发挥出来，不过能比常人表现得好一点而已；如果他能集合别人的能量，就可能获得超凡的成就。要想借人之力，就要有好人缘。

正因为如此，有好人缘者在社会上越来越受到重视。许多公司在招聘高级管理者时，要考查他的人际关系，没有好的人缘，能力再强，不能录用。如在人际关系上有超群的能力，有非常好的人缘，其他条件都可放宽。

凡特立伯任纽约市银行总裁时，他雇用高级职员，首先考查的就是这个人是否具有令人称道的人缘。

莫洛是美国摩根银行的股东兼总经理，年薪高达一百万美元。其实他以前不过是一个法院的书记，后来做了一家公司的经理，他实在是人际关系的天才，人缘极佳。他之所以能被摩根银行的董事们相中，一跃而成为全国商业巨子，登上摩根银行总经理的宝座，据说是因为摩根银行的董事们看中了他在企业界的盛名和极佳的人缘。好人缘给莫洛带来的地位和事业的成功，给公司带来的是良好的经营业绩。

吉福特是一个小职员，后来任美国电话电报公司的总经理。他常常对人说："他认为人缘是成功的主要因素，人缘在一切事业里，均极其重要。"

好人缘为何如此重要呢，其实不难理解：一个人缘不好的人，大小事情只能靠自己去做，能力再强，能做多少事？再说，人是社会中的人，生活、办事无时无刻不与人交往，没有良好的人际关系，便不能获得别人的帮助与支持，甚至会处处遇到阻挠，让他有力无处使。反之，一个善于交往、人缘很好的人，就算他能力平平，但他能处处获得别人的帮助，所以，往往是这样的人，办起事来如顺风行船，很容易达到目的。

做人感悟

现代社会发展如此之快，即使是活到老学到老也有学不到的东西，毕竟一个人的能力是有限的，要想做成大事，只凭一己之力很难成功。如何才能获得别人的帮助，最基本的条件就是建立良好的人际关系——好人缘。

人脉会聚能量

刘宁既没有学历，也没有金钱，更没有显赫的背景，但是他却能成为一位成功的企业家，坐拥上亿资产，这对于一个农村来的孩子确实是难得。

当有人要他介绍自己成功的经验时，他很慎重地说："像我这样既无学历，又没财力，更没有人事背景的人，能有今天的成就，实在有不足为外人道的辛苦。"停了一会儿，他又接着说："其实，成功也很简单，那就是要有好的人脉资源。像我这样一无所有的人，如果要与别人来往，就不能不令对方感到和我来往会得到某些益处。这样，我就慢慢积累起了自己的人脉。在这个世界上，收获了好人脉，才能收获成功。"

刘宁是一个热心的人，在日常生活中非常注重培养人脉，他主动与人交往，珍惜与朋友的友谊，为人真诚而友善，总是以对方的利益为出发点。就这样日积月累，他终于拥有了丰富的人脉关系，也拥有了非凡的成就。

宋棐是近代民族工商史上一位著名的企业家，他的成就离不开丰富人脉的支持。

宋棐创办东亚公司时，为了召集更多的人投入到他的公司，他发出了"不怕股东小，就怕股东少"的口号。东亚股东人数最多时，达到一万多户，而且遍及全国各地，分布在各个阶层。除个人股以外，很多家庭、团体、工厂、商店、学校等也多有东亚股票。

在宋棐看来，发展股东就是吸引人脉。只要他是你的股东，就会把你当作朋友，就会支持公司的产品，就这么简单。为了拉拢股东，凡是股东较多的地区，公司每年都派员工去当地支发息红；对远道股东寄发息红，则由公司担负汇费。对于一些各界名人，如南开大学校长张伯苓、天津商会会长纪仲石、上海名人陈立庭、金融界巨子陈光甫等，为了利用他们的社会声望作为号召，总要采取种种方法把他们拉来作为东亚的股东，只要入股就行，入股多少并不重要。就这样，通过招募股东，他已经为公司创造了丰富的人脉。

丰富的人脉就是源源不断的财源，他这些方法收到很大效果，经营存款额高达1.5亿元左右。东亚公司摆脱了银行、银号的高利盘剥，扩大了经营的范围和自由度。

"一流人才最注重人脉。"其实，这句话倒过来应该说："最注重人脉的人，才能成为一流人才。"在社会中生存，人脉的确是不可小看的东西。假如能和许多人建立良好的人际关系，使他们成为帮助自己的朋友，事业就会有更长足的发展。

一个人若想成功，需要达到人、事、物的完美结合。在这三个主要因素中，我们唯一有主动性的就是控制"人"的因素，所以，我们一定不能忽略了人脉关系。因为人脉意味着优势，人脉意味着力量。

有人曾将一个人的创业历程分为三个阶段：第一阶段是专业素质的培

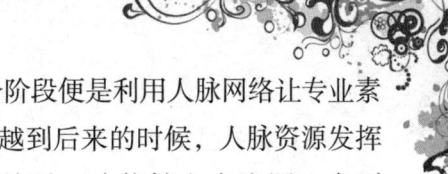

养；第二个阶段是人脉网络的完善；第三个阶段便是利用人脉网络让专业素质得到最大限度的发挥。我们能够看到，越到后来的时候，人脉资源发挥的作用越重要，可以说，拥有好的人脉关系，才能够左右逢源，水到渠成。

做人感悟

学历、金钱、背景、机会……也许这一切你现在还没有，但是你可以打造一把叩开成功之门的金钥匙——人脉。一个人的体能会下降，知识也会落伍，然而人脉却可以越积越多。打造自己的人脉关系，实际上也是在积累走向成功的资源。

与其临渊羡鱼，不如退而结网

很多人知道比尔·盖茨成为世界首富的原因是他眼光独到，选择了一个热门的行业，掌握了世界的大趋势，以及在电脑上的智慧和执著。但是，很少有人知道人脉网络对于比尔·盖茨的成功也起到了非常关键的作用。

比尔·盖茨20岁时签到的第一份合约，对微软的发展起着至关重要的作用，那就是跟当时全世界第一强电脑公司IBM签的合约。假如当初比尔·盖茨没有签到IBM这个单，相信他不可能这么快就拥有几百亿美元的个人资产。

当时，比尔·盖茨还是个在大学读书的学生，当时投身电脑行业的人也很多，为什么他却独得青睐？原来，比尔·盖茨之所以签到这份合约，有一个人起了非常重要的作用，她就是比尔·盖茨的母亲。比尔·盖茨的母亲是IBM的董事会董事，拥有良好的关系网。正是因为母亲引荐比尔·盖茨认识董事长，才让他顺利地走出了第一步。

呼波在一家大公司做销售经理，他工作努力，为某市招商引资，赢得丰厚的回报。三年后他辞职去另一家大公司工作，当然，他带走的并不仅仅是工作经验，更重要的是他积累的多元化的关系网。

第一篇 ◆ 人脉是金

呼波辞职后，成为某一个科技园的高级顾问。他的工作职责就是说服那些高新科技公司到此投资建厂，并为他们争取尽可能优惠的条件，从中赚取不菲的佣金。

两个月内，呼波以自己丰富的关系网迅速联系到了几家大公司，并成功吸引他们前来投资。后来，他还同时兼任附近几个工业区的顾问。他名片上的顾问头衔每增加一个，收入就增长一倍。

人们常羡慕非常能干的人，因为这些人事业有成，财富丰厚。其实，这全依赖于他们的关系网四通八达，在各行各业都有朋友，都有因缘关系，所以，这种人往往呼风唤雨，得心应手，会得到各方的援助。"与其临渊羡鱼，不如退而结网"，如果你羡慕他们的成就，也需要先把自己的关系网拓展开。

做人感悟

要想成就人生的我们，就必须学会广交朋友，因为朋友能够从不同的角度为你提供不同的帮助。我们处在一个充满机遇信息爆炸的时代，有时一句话、一则消息就包含着难得的机遇，所以我们必须要学会抓住机遇，而很多信息都是通过关系网获得的。建立健康符合社会道德标准的关系网，并将其合理的运用到生活中，这是我们人事业顺利的关键所在。

人脉助你成功

特别是在现代社会里，单靠一个人的单打独斗去建功立业，已经不可能了。一个人的力量是有限的，个人的力量很难突破环境的限制，以至于有人说，一个人是条虫，两个人才是一条龙。由此可以看出，合作对于成功是多么重要。我们只有在利人利己的前提下真诚合作、群策群力、集思广益，才能够取得更大的成功。

在美国唐人街上曾经流传着这样一句话："日本人做事像在'下围棋'，美国人做事像在'打桥牌'，中国人做事像是'打麻将'。""下围棋"是从全局出发，为了整体的利益和最终的胜利可以牺牲局部的棋子。"打桥牌"的风格则是与对方紧密合作，针对另外两家组成的联盟，进行激烈的竞争。"打麻将"则是孤军作战，看住上家，防住下家，自己和不了，也不能让别人和。显然，最后一种做法是不好的，尤其是自己做不出成绩，也不让别人做出成绩，这直接会影响事业的健康发展。

因此，每一个人都要富有合作精神，合作才能产生无穷的力量。我们倡导合作，只有社会中的人们善于与别人合作，才能使社会快速、健康地向前发展。

这就更加凸现了良好的人际关系对于我们的重要性了，它能促进并建造和谐的生活和工作环境，使我们在办事的时候得心应手，它对顺利开展工作起着不可估量的作用。我们在公司工作，当然需要在这个公司建立起良好的人际关系，这样才能更有利于自己的发展。在这中间，最重要莫过于建立与领导的良好关系。在公司，有的领导为了拉近和员工的距离，总是喜欢找员工聊天，因此有的员工就以为领导是平易近人的，还会产生和领导之间就是平等的错觉，从而在说话、行为等方面表现得极为随便。但是经验告诉我们，和领导在一起，要时时刻刻注意自己的身份，说话也好，做事也罢，都要和自己的身份相吻合。无论你的老板怎样的平易近人，他终归是你的领导，而领导和员工之间是绝对不可能有真正意义上的平等的。

同事之间的关系也是非常重要的，如果我们想要在工作中取得成功，就必须对之引起足够的重视。不要背负着与同事有矛盾的重担，或是被怨恨或其他消极思想所累。我们可以放下这些负担，随它去吧。

对于同事不经意的冒犯，我们大可轻松地宽恕他。如果在我们的头脑里总是记着这些，其实你每一次想起，就等于对自己的又一次伤害。但若我们选择了宽容，这样的伤害反而不治而愈了。一个攥紧的拳头是什么也不会得到的，只有松开拳头，我们才能够抓住一些东西。况且，面对朝夕相处的同事，真有那么多的怨让你记恨吗？况且只是紧紧抓住过去的矛盾不放，只能给双方带来不悦，仅此而已。

同事相处，还有另外一种现象。诸如在公司里，你可能有几个比较合得来的同事，你们之间的友谊似乎也是非比寻常。但是你必须要注意到一点，那就是同事之间的相处一定要有别于朋友。毕竟公司是工作的地点，而不是私人的空间，这是潜规则的一种。你与几位同事的这种关系，久而久之，在别人看来，特别是在领导看来，你们已经形成了一个小的帮派，甚至有"结党营私"的嫌疑了。现在，你已经很危险了，你已经开始让领导和一些别的同事感觉到不舒服了。只要你仔细观察一下，你就能发现领导不喜欢"结党营私"的人。因为他想让自己的部下是一个整体，一个比较好管理的整体，而不是一个又一个的小帮派。

另外，领导对小帮派的人总有一种不信任感。他会认为小帮派里的员工公私难分，如果提拔了其中的某一位，而其帮派人员可能会得到偏爱和放纵，对公司的发展尤其不利，对其他的员工不公平。领导还会担心小帮派人员的忠诚，他们担心若其批评了帮派其中的一个，可能会受到其帮派成员群起反对，影响公司团结。

所以，在工作中，你一定要注意，千万不能加入已经形成的小帮派，更不能只与几个人来往。否则，你在公司的发展前途就已经基本结束了。

当然，不搞小帮派并不是不与别人往来，而是要你在公司建立起正常和谐的人际关系网。我们要在自己的交往中，注意公司里的交际规则。要公私分明，与同事相处得好，但不能在公事上带有私人感情，上班的时候最好不要聚在一起聊天；要以团结为重，尽量缓解同事之间的紧张关系；还要扩大自己的交际范围，不能只限定在与你密切接触的那几个人，而要与其他员工也建立起良好的关系。当然，处理好在公司里的人际关系，可以提升你在公司里的名望和地位，吸引领导对你的关注，为你的发展带来不可估量的好处。

做人感悟

有些人整天忙忙碌碌在生活和事业中，似乎根本没有时间进行其他应酬，日子一长，使得许多原本牢靠的人际关系变得疏远，甚至朋友之间久不联系关系也逐渐变得淡漠。这是非常可惜的，我们一定要珍惜人与人之间的宝贵缘分。即使再忙，也要抽出些许时间做些必要的"感情投资"。

创造机会与人相识

美国总统罗斯福是一个与人交往的能手。在早年还没有被选为总统的时候，一次参加宴会，他看见席间坐着许多他不认识的人。如何使这些陌生人都成为自己的朋友呢？罗斯福稍加思索，便想到了一个好办法。

他找到一个自己熟悉的记者，从他那里把自己想认识的人的姓名、情况打听清楚，然后主动走上前去叫出他们的名字，谈些他们感兴趣的事。此举使罗斯福大获成功。此后，他运用这个方法，为自己后来竞选总统赢得了众多的有力支持者。

在现实生活中，许多人似乎都有一种"社交恐惧症"，他们总是不愿主动向别人伸出友谊之手。你或许有过这样的经历：在一次大家都相互不熟悉的聚会上，90%以上的人都在等待别人与自己打招呼，也许在他们看来，这样做是最容易也是最稳妥的。但其他不到10%的人则不然，他们通常会走到陌生人面前，一边主动伸出手来，一边做自我介绍。

我们为何不能试着做出改变呢？当你也试着向陌生人伸过手去，并主动介绍自己的时候，你就会发现这比你被动地站在那里要轻松自在得多了。其实，你可以仔细回想一下，我们身边的朋友哪一个开始不是陌生人呢？正因如此，怀特曼说："世界上没有陌生人，只有还未认识的朋友。"

懂得怎样无拘无束地与人认识，是我们必备的一个社会生存技能。这能扩大自己的朋友圈子，使生活变得更丰富。而罗斯福所用的这种主动与陌生人打招呼并保持联系的办法，正是许多名人普遍采用的做法。主动向别人打招呼和表示友好的做法，会使对方产生强烈的"他乡遇故知"的美好感觉和心理上的信赖。如果一个人以主动热情的姿态走遍会场的每个角落，那么他一定会成为这次聚会中最重要的、最知名的人物。

在这个世界上，各个行业都有许多出类拔萃的人物，他们的影响是非同小可的，对于我们来说，必须要利用与他们正面接触的机会和他们建立良好的关系，这甚至对你的前途来说至关重要。不要等待，一味地等待只能使你错失良机，绝对不可能使你建立良好的人际关系，你应该积极地一步一步地去做，这本没有什么让你感到害羞的。

有一个人，当他要结交新朋友时，他总是先想方设法弄到对方的生日，然后悄悄地把他们的生日都记下，并在日历上一一圈出，以防忘记。等这些人生日的那天，他就送点小礼物或亲自去祝贺。很快，那些人就对他印象深刻，把他作为好朋友了。可以想到，这个人的朋友将会越来越多。

其实，在各个场合，你同样有许多接触他人的机会。如果你想接近他们，让他们成为你人际关系网中的一员，你就必须为此付出努力。譬如，有朋友请你去参加一个生日聚会、舞会或者其他活动，你不要因为自己手头事忙而懒得动身，因为这些场合正是你结交新朋友的好机会。又如新同事约你出去逛逛商店，或者看场电影什么的，你最好也不要随便拒绝，这是一个发展关系的好机会。

因为人与人之间接触越多，彼此间的距离就可能越近。这跟我们平时看一个东西一样，看的次数越多，越容易产生好感。我们在广播和电视中反复听、反复看到的广告，久而久之就会在我们心目中留下印象。所以交际中的一条重要规则就是：找机会多和别人接触。

如果要想成功地找到一个与其他人接触的机会，你就必须对他的作息时间、生活安排有所了解。比如对方什么时候起床、吃饭、睡觉，什么时候上班、回家，从这些信息出发再确定跟对方接触的方式。如果打个电话，对方不在或者去找他时他正好很忙，这样就白费力气。因此，详细把握对方的工作安排、起居时间、生活习惯等因素再同其打交道，是很容易获得成功的。

一旦和别人取得联系，建立初步关系之后，你还要抓住机会深入一下。交际中往往会有两种目的：直接的和间接的。直接的无非就是想成就某项交易或有利于事情的解决，或想得到别人某方面的指导；间接的目的则只是为了和对方加深关系，增进了解，以使你们的关系长期保持下来。无论你想达到什么目的，你最好有意识地让对方明白你的交际目的，如果对方不明白你的交际意图，会让他产生戒备心理：这人和我打交道有什么目的呢？那样你就很难跟对方深入交往下去。

做人感悟

自卑就像受了潮的火柴，再怎么使劲，也很难点燃。如何建立自信，远离自卑的侵扰呢，你只要做到善于发现你自己的长处，并积极地予以肯定，这样你就会发现，你已经变得越来越自信了。

朋友可以为你出谋划策

俗话说，当局者迷，旁观者清。整天忙碌于自己的事业中，你眼光可能受到一定的局限。而朋友可以从旁观的角度看到你所忽视或无法看到的问题。所以，你身边如果有一个帮自己出谋划策的朋友，对自己的事业将有很大的帮助。

朋友小小的策划有时看起来并不起眼，甚至我们自己也质疑策划的可行性。但真正执行后，却带来令人惊讶的效益。

石油巨子洛克菲勒在自己石油事业的发展过程中，清醒地意识到其中的弊病，潜意识中要寻找一个方法对症下药。他由一个偶然的机遇，与年轻的律师多德成为好朋友，并在对方的策划下，有效地克服了石油事业发展中的弊病。

约翰·洛克菲勒在1855年中学毕业后，便决定放弃升大学，到商界谋生。闯荡了一些年，他在事业上有些成就，26岁时，他迅速扩充了他的炼油设备，日产油量增至500桶，年销售额也超出了百万美元。他的公司成了克利夫兰最大的一家炼油公司。

当时的石油业，生产过剩，质量较差，价格混乱，激烈的角逐已现端倪，洛克菲勒的公司像汪洋大海中的一叶小舟，随时都有沉没的危险。高瞻远瞩的洛克菲勒意识到，必须把自己的企业扩大，船大才能抵御惊涛骇浪的冲击。他果断地说服自己的弟弟威廉参加进来，建立了第二家炼油公司，并派他去纽约经营石油进出口贸易，尽快打开欧洲市场。威廉临去纽约前，兄弟俩促膝谈心，踌躇满志地立下了誓言："我们要扩张、再扩张，资金越多，我们发展的本钱也越丰厚，我们要独霸世界石油业！"

随着洛克菲勒的石油帝国的发展，因本身庞大而导致的难以控制的危险性也越来越大。洛克菲勒清醒地看到这一弊病并引起重视。正在这时，洛克菲勒在一本公开发行的刊物上发现一篇文章，里面写道："小生意人时代结束，大企业时代来临。"他感到这与自己的垄断思想不谋而合，便主动结交文章的作者多德，彼此共同的看法使双方成为好朋友。

多德是个年轻的律师，他与洛克菲勒成为朋友后，积极为洛克菲勒的公司寻找法律上的漏洞。一天，他在仔细研读《英国法》中的信托制度时，突然产生出灵感，提出了"托拉斯"这个垄断组织的概念。所谓"托拉斯"，是生产同类产品的多家企业，不再各自为政，而以高度联合的形式组成一个综合性企业集团。这种形式比起最初的"卡特尔"，即那种各自独立的企业为了掌握市场而在生产和销售方面结成联合战线的方式，其垄断性要强得多。

在多德的"托拉斯"理论的指导下，洛克菲勒召开"标准石油公司"的股东大会，组成9人的"受托委员会"，掌管所有标准石油公司的股票和附属公司的股票。受托委员会发行了70万张信托书，仅洛克菲勒等4人就拥有46万多张，占总数的2／3。如此，洛克菲勒如愿以偿地创建了一个史无前例的联合事业——托拉斯。在这个托拉斯结构下，洛克菲勒合并了40多家厂商，垄断了全国80％的炼油工业和90％的油管生意。

托拉斯迅速在全美各地、各行业蔓延开来，在很短时间内，这种垄断组织形式就占了美国经济的90％。很显然，洛克菲勒成功地造就了美国历历史上一个独特的时代——垄断时代。

做人感悟

显而易见，多德的"一个理论"导致了这么一个"大结果"。由此可见，拥有一个时刻给自己提建议的朋友，是何等的可贵。如果你身边有对你所从事的行业感兴趣且头脑灵活的朋友，不妨抽出一点时间与对方来聊聊。也许，一个改变你命运的"策划"就由此而产生了。

人情最重要，人情账户别含糊

在人际交往中，见到给人帮忙的机会，要立马扑上去，像一只饥饿的松鼠扑向地球上的最后一粒松子。因为人情就是财富，人际关系一个最基本的目的就是结人情，有人缘。

要像爱钱一样喜欢情意，方能左右逢源。求人帮忙是被动的，可如果别人欠了你的人情，求别人办事自然会很容易，有时甚至不用自己开口。做人做得如此风光，大多与善于结交人情，乐善好施有关。施恩是关系维护中最基本的策略和手段，经营人际关系资源最为稳妥的灵验功夫。帮助别人时，要掌握以下基本要领：

一、给人情，留后路

钱钟书先生一生日子过得比较平和，但困居上海孤岛写《围城》的时候，也窘迫过一阵。辞退保姆后，由夫人杨绛操持家务，所谓"卷袖围裙为口忙"。那时他的学术文稿没人买，于是他写小说的动机里就多少掺进了挣钱养家的成分。一天500字的精工细作，却又绝对不是商业性的写作速度。恰巧这时黄佐临导演上演了杨绛的四幕喜剧《称心如意》和五幕喜剧《弄假成真》，并及时支付了酬金，才使钱家渡过了难关。时隔多年，黄佐临导演之女黄蜀芹之所以独得钱钟书亲允，开拍电视连续剧《围城》，实因她怀揣老爸一封亲笔信的缘故。钱钟书是个别人为他做了事他一辈子都记着的人，黄佐临40多年前的义助，钱钟书多年后还报。

多一个朋友多一条路。要想人爱己，己须先爱人。人存有乐善好施、成人之美的心思，才能为自己多储存些人情的债权。这就如同一个人为防不测，须养成"储蓄"的习惯，这甚至会让各位的子孙后代得到好处，正所谓"前世修来的福分"。黄佐临导演在当时不会想得那么远、那么功利。但后世之事却给了他作为好施之人一个不小的回报。

究竟怎样去结得人情，并无一定之规。对于一个身陷困境的穷人，一枚铜板的帮助可能会使他握着这枚铜板忍住极度的饥饿和困苦，或许还能一番事业，闯出自己富有的天下。对于一个执迷不悟的浪子，一次促膝谈心的帮助可能会使他建立做人的尊严和自信，或许在悬崖前勒马之后奔驰于希望的原野，成为一名勇士。

就是在平和的日子里，对一个正直的举动送去一缕可信的眼神，这一眼神无形中可能就是正义强大的动力。对一种新颖的见解报以一阵赞同的掌声，这一掌声无意中可能就是对革新思想的巨大支持。就是对一个陌生人很随意的一次帮助，可能也会使那个陌生人突然悟到善良的难得和真情的可贵；说不定他看到有人遭到难处时，他会很快从自己曾经被人帮助的回忆中汲取勇气和仁慈。其实，人在旅途，既需要别人的帮助，又需要帮助别人。从这个意义上说，帮人就是帮己。

战国时代有个名叫中山的小国。有一次，中山的国君设宴款待国内的名士。当时正巧羊肉羹不够了，无法让在场的人全都喝到。有一个没有喝到羊肉羹的人叫司马子期，此人怀恨在心，到楚国劝楚王攻打中山国。楚国是个强国，攻打中山易如反掌。中山被攻破，国王逃到国外。他逃走时发现有两个人手拿武器跟随他，便问："你们来干什么？"两个人回答："从前有一个人曾因获得你赐予的一壶食物而免于饿死，我们就是他的儿子。父亲临死前嘱咐，中山有任何事变，我们必须竭尽全力，甚至不惜以死报效国王。"

中山国君听后，感叹地说："怨不期深浅，其于伤心。吾以一杯羊羹而失国矣。"他的意思是给予不在乎数量多少，而在于别人是否需要。施怨不在乎深浅，而在于是否伤了别人的心。我因为一杯羊羹而亡国，却由于一壶食物而得到两位勇士。这段话道出了人际关系的微妙。

二、给人好处别张扬

生活中经常有这样的人，帮了别人的忙，就觉得有恩于人，于是心怀一种优越感，高高在上，不可一世。这种态度是很危险的，常常会引发反面的后果，也就是：帮了别人的忙，却没有增加自己人情账户的收入，正是因为这种骄傲的态度，把这笔账抵消了。

古代有位大侠郭解。有一次，洛阳某人因与他人结怨而心烦，多次央求地方上的有名望的人士出来调停，对方就是不给面子。后来他找到郭解门下,请他来化解这段恩怨。郭解接受了这个请求,亲自上门拜访委托人的对手,做了大量的说服工作,好不容易使这人同意了和解。照常理,郭解此时不负人托,完成这一化解恩怨的任务,可以走人了。可郭解还有高人一招的棋,有更技巧的处理方法。

一切讲清楚后,他对那人说:"这个事,听说过去有许多当地有名望的人调解过,但因不能得到双方的共同认可而没能达成协议。这次我很幸运,你也很给我面子,我了结了这件事。我在感谢你的同时,也为自己担心,我毕竟是外乡人,在本地人出面不能解决问题的情况下,由我这个外地人来完成和解,未免使本地那些有名望的人感到丢面子。"他进一步说:"这件事这么办,请你再帮我一次,从表面上要做到让人以为我出面也解决不了问题。等我明天离开此地,本地几位绅士、侠客还会上门,你把面子给他们,算作他们完成此一美誉吧,拜托了。"

做人感悟

维护关系要讲究自自然然,不故意"打埋伏",以免被别认为你是这样的人:和他做朋友,如果没用处,肯定会被一脚踢开!

让优秀人物成为我们生命中的领路人

葛拉西安有一句名言:把一匙酒倒进一桶污水里,得到的是一桶污水;把一匙污水倒进一桶酒里,得到的还是一桶污水。人生在世,离不开朋友,而结交那些对你有害无益的朋友,就如同一匙污水倒进酒桶里,会对你的人生产生莫大的负面影响。

格蕾丝·凯丽在1929年11月12日降生于美国费城一个富有的家庭。她的童年在富足和平静中度过,高中毕业她就从事表演事业了。

格蕾丝第一次在电视上露面是拍了一个香烟的广告。后来,登台演出和在电视上做节目已经不能满足格蕾丝,她来到了南加利福尼亚,她想实现童年的梦想——当电影演员。

1951年,她在一部名为《14个小时》的影片中得到了她的第一个微不足道的小角色。当然，这个小角色并没有给她带来什么收获，但她却从中认识了许多优秀的人才。第二年，她得到一个与大明星贾利·古柏合作的机会。名人的影响力是她无法想象的，此后，在电影开头，她的名字紧随大明星的名字之后。她的形象也随之得到传播。

与大明星的合作给她带来了好运，借着名人之光，她第一次与一流导演希区柯克合作，在《后窗》中扮演詹姆斯·史都华心仪的女郎。希区柯克无疑就是一块名牌，演员与他合作意味着名气、实力和地位。格蕾丝在与希区柯克的第二次合作中人气直线上升，她迅速成为最卖座的明星。

此后，年轻美貌的格蕾丝得到了许多大导演的青睐，赢得了许多人可望而不可即的成功。在她迎来事业的高峰期时，她的命运因为遇到了一流人物而更加璀璨。

当格蕾丝在摩纳哥王宫参观时，一位风度翩翩的青年向导向她表示爱慕。这竟是摩纳哥王子——雷尼尔三世。遇到拥有财富与尊贵地位的王子无疑是格蕾丝最好的归宿，很快，他们订婚了。格蕾丝·凯丽成为摩纳哥王后！

明朝有名的首辅大臣张居正，在入朝为官之后，立即通过努力得到优秀人物徐阶的赏识。

徐阶做了内阁首辅后，顺理成章地重用了张居正，使张居正有了实施政治抱负的机会。徐阶倒台后，张居正又迅速靠近了优秀人物高拱。

后来，他又结交了法眼通天的宦官冯保，并在他的帮助下取得了内阁首辅之位。此后，他革除弊政，推行新法，使明朝出现了中兴的势头，自己也成为一代名臣。

古人云："近贤者聪，近愚者溃。"一个人交什么样的朋友，对自己的思想、品德、情操、能力都会有很大的影响。与能人做朋友，与优秀的人相交，不仅会让我们提高自身素质，也等于为自己找到了成功的加速器。优秀的朋友就是羽翼之于飞鸟，能够带着你飞翔。

从某种角度来看，优秀的人是我们生命中的领路人，是我们事业上的灯塔。借由他们的帮助，我们可以少撞南墙，在非常短的时间内即可达到独自奋斗几年，甚至几十年也达不到的成功。

美国一家机构经调查后认为，一个人失败的原因，90%是因为这个人的周边亲友、伙伴、同事、熟人往往比较消极，正所谓"跟着好人学好人，跟着巫婆跳大神"。没有好的思想来引导激励，没有好的方法来指导，成功之日将遥不可及。

有位成功的企业家说："宁可跟优秀的人打架，也不跟糊涂的人交友。"优秀的人有太多的地方值得学习，那种有形、无形的交流，激发了灵感，获得了成功的经验。在你亮出自己观点的同时，也会通过各种形式获得反馈，在信息的交流中会使人获得更大的发展。

随着市场经济的发展，文化理念的嬗变，现代交际观念也发生了很大的变化。现代社会的人际交往中，社交应该有三个基本目的：信息共享、情感沟通、相求相助。这三个方面是统一的、缺一不可的。我们不能只强调信息共享、情感沟通而拒绝相求相助，更不能把相求相助都当成"势利"行为来对待。

做人感悟

结交、崇拜、依附优秀的人的心理，虽然程度不一，但都是人们希望提高自己的社会地位、平等地与那些比自己优秀的人交往的共同心声。因为靠近比自己优秀的人能缩短自己的奋斗时间；能为自己的成功指点迷津；可以使自己的人生充满魅力；可以使自己的事业一帆风顺。所以，大胆地去结交他们吧，这也是快速提升自我的捷径。

沟通其实并不难

春秋战国时期，耕柱是一代宗师墨子的得意门生，不过，他总是受到墨子的责骂。有一次，耕柱又受到了老师的责备，这让他觉得非常委屈，因为在众多门生之中，自己是被公认为最优秀的，但又偏偏总是遭到墨子的指责，这让他感到十分难堪。是不是老师对自己有什么其他的看法呢？于是他便找到老师，想要一问究竟："老师，难道在这么多学生当中，我真的是如此卑劣，以至于要时常遭到您老人家的责骂吗？"

墨子听了耕柱的问话，并没有做正面的回答，而是反问道："耕柱，你想一下，假设我现在要上太行山，依你看，我应该要用良马来驾车，还是用老牛来驾车呢？"

耕柱听了老师的这个问题感到很诧异，但他马上回答说："就是再笨的人也知道要用良马来拉车啊。"

"那么，你为什么不选用老牛呢？"墨子又发问道。

"理由非常简单，因为良马足以担负重任，行动迅速，更加值得驱遣。"

墨子点点头说："你答得非常正确，我之所以时常责骂你的过失，也是因为你能够担负重任，值得我一再地教导与匡正你罢了。"

在这个故事里，开始耕柱面对墨子的"诘难"似乎都颇有想法了，他甚至已经认为这都是老师在有意地刁难他。然而，直到他和老师做了一番推心置腹地交谈之后，他才最终发觉了老师的一片苦心：老师是通过磨练对他刻意地进行栽培提携。由此可见有效沟通的重要性。故事中，如果耕柱没有这次有效的沟通，他是不是一直会误认为老师对他有意刁难而离去呢？幸而他没有这样做，而是面见老师提出了自己的疑惑，最终察知了老师的一番苦心。所以，这个故事告诉我们要想沟通并不难，这很容易做到。

现代生活中，拥有丰富多彩的人际关系，是每一个现代人的需要，可是现实生活中很多人总是慨叹这个世界缺少真情，他们总是认为自己生活在清冷的孤独感当中。或许他们从来没有意识到，他们之所以缺少朋友，完全是因为他们在人际交往中总是采取消极、被动的交往方式，他们总是幻想着别人的友谊能够从天而降。就是在这样的思想支配下，他们虽然生活在一个人来人往的现实生活当中，但却仍然无法摆脱心灵上的空虚寂寞。

心理学揭示，影响人们积极主动的交往，而转为被动退缩的交往方式，主要是由下面两个原因造成的：

一是人们对主动交往的误解。比如，有人认为"先同别人打交道，会降低自己的身价"等。也正是这些想法在人们的头脑中作怪，才使得我们失去了很多结识别人、发展友谊的机会。

二是担心自己的主动不会引起对方的积极响应，从而陷自己于一个非常窘迫的境地之中。

实际上，我们每一个人都有交往的需要，因此大可不必担心会出现我们积极主动，而别人不予响应的情况。比如在旅行的车厢里，基本都是4—

6人坐在一个隔间里，如果在这当中至少有一个是主动交往的人，那么这里的气氛就会立刻升温，一路上将会充满欢声笑语；相反，如果这几个人中没有一个愿意主动和其他的人交往，那么从起点到终点，他们就会始终处在无聊、尴尬的气氛当中。其实，与其如此尴尬的面面相觑，还不如主动地和别人招呼，以此换得一路的不寂寞，这不是很值得么？

当你还因为某种担心，而不敢主动同别人交往的时候，尝试着主动和别人打招呼、攀谈，不断地尝试，你就会发现人际交往其实就是如此简单。

或许我们常为交往中的谈论话题而感到为难，其实这是很容易办到的，你只要知道，最好的交往方式是先找到一件与谈话对象有关的事即可。哪怕是墙上的一幅画、桌上的一个手工制作的笔筒或是倚在墙角的高尔夫球杆，这些都可以作为话题。

你可以表示感兴趣、钦佩或是关注。或干脆开始你们的交谈："你墙上那幅画好漂亮，是出自哪一位名画家之手啊？"或是："好精致的笔筒，是你孩子的杰作么？"或是："高尔夫球？那不是很难学会么？"这些看似简单的问题，其实最能表示出你对他本人的兴趣和尊重。甚至可以这样说，你对他人表示感兴趣，是人际关系的基础所在，他代表"你对我很重要，我有兴趣"。

面对这样的情形，很少有人会对此毫无反应的。所以，在复杂的人际关系中，真诚地关心他人，绝对是最有效、最有价值的沟通方式。

如果人们之间没有交流沟通，就很难达成共识；没有共识，就不可能有协调一致的默契；没有默契，就不能发挥集体力量的威力，也就失去了建立团队的基础。

现实生活当中，人际关系，更主要地表现在员工与领导之间的相处艺术上。新一代的成功法则是：要会干，要能干，还要学会表现。传统的观念认为，身为员工只要做好本职工作就足够了，然而，无数事实证明，这种观念是极端错误的。人与人之间的好感，是通过实际接触和语言沟通才能建立起来的。员工只有主动跟老板切实有效地接触，才能将自己的意愿表达清楚，才能让领导认识到你的工作能力，从而你才能有更多被赏识的机会。

因此，我们若想工作有所成就，就要与领导主动沟通，缩短我们与领导之间的心理距离。让自己更懂得领导，也让领导更懂你。很多与领导匆匆地一遇，都可能是沟通的开始。当然，这并不是说沟通就要多说话就能得到领导的认同和垂青。不同的领导喜欢用不同的方式沟通。所以，我们做这些的时候，还需要懂得运用一些沟通技巧。

做人感悟

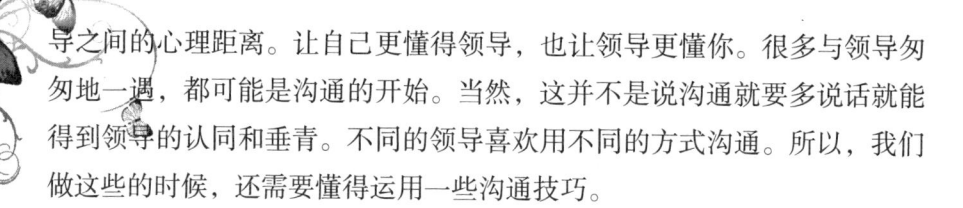

有效的沟通带来理解，理解则带来合作。反之，如果不能很好地沟通，就无法理解对方的意图，而不理解对方的意图，也就不可能进行有效的合作。

友谊

——朋友是一生的财富

第二篇

人生万难，识人最难

学会识别他人

画人画虎，知人知面。人生万难，识人最难。具有识人的本领，与不同的人打交道的时候用不同的策略，这也是一种"方圆"之道。看透人心，可以在交际中掌握主动权，观其行而知其本质，做出最佳的应对之举。

孔子是春秋时期著名的思想家，当时很多有学问的人都希望投到他的门下，有个叫澹台灭明的人也是如此。孔子当时收下了澹台灭明。

澹台灭明对孔子非常尊重，也很好学，但由于其"状貌甚恶"，孔子并不看好他，甚至因此认为他"材薄"，不大喜欢他。

澹台灭明只好退学了。但出乎孔子的意料，这位其貌不扬的人却是一个德才兼备、品学兼优的好学生。他离开孔子以后，"南游至江"，竟然"名施乎诸侯"，"从弟子三百人"。

后来孔子提起这件事时非常惭愧，他说："以貌取人，失之子羽（澹台灭明的字）！"这件事情后来被记载在《史记·仲尼弟子列传》之中。

《伊索寓言》中有这样一则故事：

老鹰能说会道，几天下来就与狐狸结为好友。狐狸虽然狡猾，但也对这个新交的朋友颇为佩服，还要向老鹰学习口才。

为了方便交流，狐狸决定搬到老鹰所住树下的树洞里。老鹰在树上哺育后代，狐狸在树洞里生儿育女，两家人和睦相处了很长一段时间。一向怀疑世间是否有真情的狐狸也为它们的友谊骄傲起来。

可是，它们的友谊不久就破裂了。那年干旱，食物短缺，狐狸与老鹰都先后断了炊。这一天，狐狸外出觅食，老鹰就到树下把幼小的狐狸偷走，与雏鹰一起饱餐一顿。狐狸回来后，发现老鹰偷吃了它的儿女极为悲痛，而自己又毫无办法，只能恨自己识人不淑。

"人心比山川还要险恶，知人比知天还要困难。"天还有春秋冬夏和早晚，可人呢？表面看上去很诚实的人，内心世界却包得严严实实，深藏不露，谁又能究其底里呢！有的外貌和善，行为却骄横傲慢，唯利是图；有的貌似长者，其实是小人；有的外貌圆滑，内心耿直；有的看似坚贞，实际上疲沓散漫；有的看上去泰然自若，慢慢腾腾，可他的内心却总是焦躁不安。

"草萤有耀终非火，荷露虽团岂是珠。"生活中有很多事情都是真真假假，云里雾中，包括生活中的人也一样，人有百相各自不同，所以有识人难的说法。就连孔子也会有误识的时候，就更不用说常人了。

人们天天呼唤坦诚相待，渴望相知相解之交。然而正由于缺乏才去强调，正由于贫瘠才去求援，我们又不能不承认小人的存在给真诚给美好的生活抹上了灰色的阴影。当你全力以赴的时候，那意想不到的背后一击可能有天降之祸。为了更好地生活，更好地发展，我们有必要练就识别人的本领。

古人提出：为治以知人为先。即治理国家以了解、识别人为最首要的事情。可以说，非知人不能善其任，非善任不能谓知之。这句富有哲理的良言告诉世人，不了解人就不能很好地使用人。其实，这个治理国家的道理放在个人生活中也同样适用。一个人只有先了解他人，知道对方是怎样的人，才能更好地与他人交往，才能更好地保护自己。

做人感悟

千难万难，识人最难。正因为难，所以更显重要。识人不是为了找别人的缺点，识人是为了发现别人的长处。用人所长，必先容人所短，则天下无不可用之人。学习别人的长处，弥补自己的短板，自己才会更加优秀，胜人一筹！

透过眼睛看心灵

人们常说，眼睛是心灵的窗户。要识别一个人，首先就要读他的眼睛，因为眼睛是最不会说谎的器官。

爱默生说："人的眼睛和舌头所说的话一样多，不需要字典，却能从眼睛的语言中了解整个世界。"所以，通过观察一个人丰富的眼睛语言，在某种程度上也可以对他有一个大致的了解和认识。

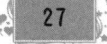

"周公恐惧流言日,王莽谦恭下士时,假使当年身便死,一生真伪有谁知?"是真的没有人知道吗?不是。

王莽是孝元王皇后的侄子。他的家族在元帝、成帝时期担任要职。王莽年少时恭敬俭朴,很受地方人的好评。他的伯父大将军王凤生病时,王莽侍疾,亲自尝药,蓬头垢面,不解衣带数月。因此王凤在弥留之际,把他托付给太后及成帝,先后被任命为黄门郎,后又封新都侯、光禄大夫、侍中。

王莽的官阶职位越尊贵,态度作风越谦恭。他经常施舍衣物给宾客,以求名声;结识名士与王公贵族,以求拓展个人空间。他身居高位,但恪尽职守,力求节俭。且谦恭下士,节俭清廉,赢得了许多赞誉。

可以看出,他的这一系列做法的确蒙过了很多人,但是新升任司空的彭宣看到王莽之后,悄悄对大儿子说:"王莽神清而朗,气很足,但是眼神中带有邪狎的味道,专权后可能要坏事。我又不肯附庸他,这官不做也罢。"于是上书,称自己"昏乱遗忘,乞骸骨归乡里"。

后来,王莽果然篡权,建立"大新",成为乱臣贼子。善于识人的彭宣则因为及时身退,没有受到任何冲击。

三国时期,有一次曹操派人到刘备处做内应,如果时机允许的话就刺杀刘备。这个人伪装成投靠刘备的样子,与刘备讨论削弱魏国的策略,他的分析,极合刘备的心意。

两人相谈正欢时,诸葛亮走进来,这人早就听说过诸葛亮的声名,一时心虚,便托词上厕所。

刘备对诸葛亮说:"刚才那人是个英雄,颇有见地,可以帮助我们削弱曹操的势力。"

诸葛亮却慢慢地叹道:"此人见我一到,神情畏惧,视线低而时时露出忤逆之意,奸邪之形完全泄露出来,他一定是来做内应的。"

刘备听后感到有些后怕,连忙派人追出去,那人早已逃走。

孟子曰:"存之人者,莫良于眸子,眸子不能掩其恶。胸中正,则眸子正;胸中不正,则眸子眊。"成功的社交离不开对人察言观色,而人身上变化最具特点的是眼神。俗话"眼睛能说话"就是这个意思,所以,识别人的心思最重要是会识别他人的眼神。

人的个性是不容易改变的，俗语说："江山易改，本性难移"，而人的表情则不然。性为内，情为外，最能体现情的地方，不是动作，不是语言，而是眼睛，动作言语都可以掩饰，而眼睛是无法假装的。

眼睛在人的各种感官中是最敏锐的，从眼睛里流露真情理所当然。"眼睛是心灵之窗"，眼神有聚有散，有动有静，有流有凝，有阴沉，有呆滞，有下垂，有上扬，省悟之后，必可发现人情千姿百态。

在现代快速的生活节奏中，我们不可能天长日久地去考察衡量一个人，然后决定与他的交往方法，而是要求我们用敏锐的眼光尽快判断制定出速战速决的方针。通过眼睛，可以很容易看出对方的内心世界，在现实生活中，与人交往也是如此，学会看懂对方眼神中传递出的信息便能准确地判断出对方的心理及他是怎样的人。

做人感悟

现实生活中的人情其实千姿百态，人在旅途，即使自己谨慎小心，仍不免遭遇厄运。而尤其令人难以防范的是那些谗言和阴谋，正所谓"明枪易躲，暗箭难防"。所以，我们必须要学会一种人生的防卫方法，透过眼神看清人，明察秋毫，防患于未然。

透过细节看本质

俗话说："人心隔肚皮"，也就是说，人心是最难猜测的东西。不过，识人也并不像想象的那么困难，只要你多个"心眼"，练就一双火眼金睛，方能拨开迷雾，看到他人的细节之处，从这些可以渗透出一个人的真相与内在品质，从而将这个纷扰的世界看得真真切切。

所谓"一人得道，鸡犬升天"。但是，唐朝韩晃在朝廷当官后却一直回避这一问题。

当时，他的一位远房亲戚远道而来，想找他谋个事。韩晃只是简单考核了一下，就认为这位亲戚不适合留在自己身边，于是就打算送些盘缠让他回去。

在送行的宴席上，韩晃却发现这位亲戚言谈得体，举止端正，丝毫没有被拒绝的愁苦，通过对这一细节的观察，他认为这位亲戚品行良好，便把他留下，派他去监管军队的仓库。这个人上任后，严明条律，以身作则，据说再也没人敢随便到仓库去捞取公物了。

晋国的一位重臣文子，一次因为被案情牵连，匆忙逃命。惊慌地跑出近百里路后，来到了一个小镇。跟随他逃亡的侍从说："统领小镇的官吏以前与大人交往颇深，不如我们先到他那避一避吧。"

"不行，我们还是尽快赶路，这人不可信赖。"

"他曾对大人那么好，不会背叛大人吧。"

"此人知我喜欢音乐，即赠我名琴；知我喜欢珍宝，便送我玉石。像这样的人，如我前去投靠，他定会将我献给君王以博得君王开心。我们非但不能投靠，反而要快点走。"

于是，文子等人连行李也来不及拿，匆匆上路了。

后来果然不出所料，就连文子留下的行李也被那官吏献给君王了。

识别人要善于见微知著，从行为现象看到人的本质特征。看来微不足道的事情，其中都蕴藏着巨大的发现。

善于留心细节的人，才能在平常的观察中长"心眼"，仔细分析人的善恶，实属智慧之人。其实，这样的人在我们日常生活中也很常见。

某食品公司的宣传部部长赵先生就是这样的人，他曾说过他的一次亲身经历。

有一个广告代理商曾经找他洽谈生意，谈到另一家食品公司也在他那里做广告。这个代理商为了达到拉广告的目的，于是，把另一公司的宣传机密全盘告诉了赵先生。赵先生开始还感到有些庆幸，这么容易就得到了对方的机密，本想与这代理商签订合同，但转念一想："这人与我本是第一次见面，为什么泄露其他公司的秘密？可想而知，他也会泄露我们公司的秘密。"于是，找了个借口推掉了这个代理商。

做人感悟

善于从细节入手，善于从小事入手，观察他人的一举一动，是了解他人，认识他人的基本功。而认识他人正是一种基本的生存技能，也是生存的第一项修炼。它既需要有眼睛的洞察力，也要有在头脑里的综合判断能力。"冰冻三尺，非一日之寒"，想练就一双火眼金睛，需要我们多存"心眼"，在平日多积累，在细节上下工夫。

透过表象看内涵

　　了解一个人，必须了解他的表面与实质，而这些又不是轻而易举就可以解决的问题。从辨别一个人的言行真伪，到一个人的思想境界是否高尚，中间无不渗透着人的精力与智慧。轻浮地对待人际关系，就不能真正认识他人的本质。

　　博格士从小就非常热爱篮球，几乎天天都和同伴在篮球场上玩耍。当时他就梦想有一天可以去打NBA，因为那是所有爱打篮球的美国少年最向往的梦。

　　当博格士告诉他的同伴："我长大后要去打NBA。"所有听到他的话的人都嘲讽他，因为他们"认定"一个身高仅1.6米的矮子是绝不可能到NBA打球的。他的身高只有1.6米，在东方人里也算矮子，更不用说在即使身高两米都嫌矮的NBA了。但博格士却没有理会这些刺耳的声音，反而更加勤于练球，最后终于成为全能的篮球运动员，也成为最佳的控球后卫。后来，他果然进入了NBA，成为夏洛特黄蜂队的一名球员。

　　博格士是NBA里最矮的球员，也是NBA有史以来破纪录的矮子。但博格士却不简单，他是NBA表现最杰出、失误最少的后卫之一，不仅控球一流，远投精准，甚至在高个队员中带球上篮也毫无所惧。每次看到博格士像一只小黄蜂一样，满场飞奔，总是让人忍不住赞叹。

　　一只蜗牛遇见了一只毛毛虫，左看右看了一阵，忽然哈哈大笑，说："我终于碰见比我更丑的家伙了！你是怎么长成这个样子的？真让我受不了了。"

　　毛毛虫回答它说："不，我这是暂时的，我会变美丽的，我并不是一直这样丑陋。"

　　蜗牛不相信："美丽？你要美丽那我就是仙女了！"

毛毛虫笑了："你要不信就等三天后再来看我吧！"

三天后蜗牛又来找毛毛虫，可它看见了什么？毛毛虫的身体正一点点裂开，一只五彩的蝴蝶飞了出来，飞过草地，越飞越远了。

蜗牛呆呆地看着它远去："还真是不可貌相啊！"

古语讲："相由心生。"这是饱含人生经验的一句话。心志高的人，面有奋勇之色；心高气傲的人，面有旁若无人之色。但神色与形象美丑却没有直接联系。有的人却把相貌美丑作为识人的标准。对于长得丑、有些缺陷的人，看了心里不舒服，就把此人的才能否决了。其实，凭外表识人的人是错误的。

一个人应该有敏锐的观察力与良好的判断力，不能被表面现象所迷惑，而应穿透对方的表面现象，看到一个人的内涵。要知道，毛毛虫也会变成蝴蝶。况且，一个人的相貌并不代表一个人的思想、内涵，"人不可貌相，海水不可斗量"这句俗话不是没有道理的。

一些人长得可能很不起眼，甚至有某方面的缺陷，但这样的人未必就会成为生活中的失败者，他们往往生活得更好、事业很成功！比如名模吕燕，她虽然身材高挑，面孔却很难称得上漂亮，她刚出道时，一些模特经纪公司拒绝和她签约，认为她的容貌一般，成不了一名合格的模特，但最后吕燕却成为世界名模。所以，单纯地从外貌看一个人，有时的确是件很愚蠢的事情。

人世间每个人都不太完美，所以千万不能简单地从外貌判断一个人。识别人的关键是要把握一个人的心性，即在人的本质上下工夫，而不是从表象看人，以貌取人。如果从感性表象上去判定一个人，势必偏颇。

做人感悟

看事情如只看表面，而看不到实质，迟早会吃亏。因为表面代表不了事物的本质，只有看透事物本质，才能做出正确的决断，才知道自己该怎么做。

对言外之意要仔细斟酌

朋友之间虽然好说话,但一旦涉及实际利益的时候,难免双方就顾虑重重。尤其是对于生意人来说,很多时候,听不出朋友的言外之意,看不清他虚伪的表演,就容易被朋友利用和陷害。所以,对朋友的话要一分为二地考虑,切不可偏听偏信。

有一次,一位女主人决定要测试客人是否真的在聆听自己的话,她一面请客人吃点心,一面说:"你一定要尝一尝,我加了点砒霜。"所有客人都毫不犹豫地吃了下去,还说:"真好吃,一定要把做法告诉我。"

言为心声,朋友对你说的话非常重要,你不要因为听不出真情,而吃下带着砒霜的点心。

生活中,不可避免地存在这类朋友,他为了自己一时的利益和地位,不惜反戈一击,背叛你,甚至落井下石,他的危害是你不能预料的。

你不要认为平常人是这样欺骗和利用朋友的,即使是大艺术家也可能这样,为了自己的私利,甚至虚荣,也可能做出有害朋友的事情。

毕加索有一阵子常常往勃拉克的画室跑,他们形影不离,大家都觉得这是一对老朋友。再说,立体主义又是他们俩一起搞出来的。

有一天,勃拉克很沮丧地说,他把一幅画作坏了,许多见到这幅画的人都皱起了眉头。"真想毁掉这件败笔之作。"勃拉克这样嘀咕。

"别,别毁了它,"毕加索眯着眼睛,在那幅画前踱来踱去,倒像发现了杰作似的大声称赞个不停:"这幅画真是棒极了!"

勃拉克有点将信将疑。的确,在那个年头,好的和坏的都搅在一起,是杰作还是垃圾画自己也分辨不清。

"真的很棒吗?"勃拉克问。

"当然,没问题,"毕加索认真诚恳地回答,"你把它送给我吧,我用我的作品与你交换,如何?"

于是,毕加索回赠勃拉克一幅画,换回了勃拉克差点要扔掉的"杰作"。

几天以后,有一些朋友去勃拉克的画室,他们都看到了毕加索的那幅画，它挂在房间里十分引人注目。勃拉克感动地说："这就是毕加索的作品。他送给我的，你们瞧，它真是美极了！"

差不多同一天，还是这些人，也去了毕加索的家，他们一眼就看见了勃拉克的"杰作"，当他们睁大两眼迷惑不解的时候，毕加索开始说话了："你们看看，这就是勃拉克，勃拉克画的就是这东西！"

毕加索的言外之意就是："勃拉克的画真是太差了，怎能跟我的画相比呢？"

细心的你可以发现：毕加索在假惺惺骗取朋友的"物证"，以便毫不留情地在背后攻击朋友。他是怎样的表现：毕加索眯着眼睛，在那幅画前踱来踱去，一幅认真、仔细的样子，然后，对勃拉克那幅失败的画大加赞赏。生活中背叛你的朋友也可能采用这种夸张、不切实际地表演。

但是你千万不要做勃拉克，首先他不相信自己，其次如果他相信自己的判断，就不要犹豫，如果他知道毕加索的眼力不会那么差，提防他的那套虚假的表演，以后的事就不会发生。

有一位饱经风霜的老人，一生结交了许多朋友，而没有一个朋友能够对他隐瞒什么。他的做法非常简单：从谈话中推测未道出的真情。每当与朋友交谈以后，他总是把当时的谈话重温一遍，把对方谈话中的停顿、声音的变化、词语的选择等进行分析，然后他就能猜出对方在谈话中根本未提及的事，诸如"李莉想卖房子"，"潘锐准备和赵丹分手"……

这位老人的成功就在于他善于揣摩对方说话的意思，能听懂、听透，品出话语中的言外之意。

他其实也不能钻进朋友的脑袋，能做出这些结论完全是运用了"内容分析法"——通过对谈话内容的系统分析，从微不足道的细节中发现朋友对你的态度，和他自己要做些什么，这对你与朋友的交往很有帮助。

李主编约王教授为刊物写一篇稿子，恰巧李主编的刊物搞座谈会，他也邀请了王教授。王教授刚进会场，李主编就冲了过去："太好了！太好了！我一直在等您的稿子。"

"糟糕！"王教授一拍脑袋，"抱歉！抱歉！我留在桌子上，忘记带了。"又拍拍李主编的肩膀："明天，明天上午，你派人来拿，好吧？"

"没关系！"李主编一笑，"也不必等明天，我等会儿开车送您回去，顺便拿。"

王教授一怔，也笑笑："可惜我等会儿不直接回家，还是明天吧！"

座谈会结束后，送走了学者、专家，李主编到停车场开车回家。转过街角，他看见王教授和贺律师在等出租车。

李主编摇下车窗热心地问："到哪儿去呀？"

贺律师说："陪王教授回家。"

李主编一听，就停下车将王教授和贺律师拉上车。李主编边开车边说："我送您回家，顺便拿稿子。"

"我家巷子小，尤其这假日，停满车，不容易进去，"王教授拍拍李主编，"您还是把我们放在巷口，我明天上午叫女儿把稿子给您送去，她也顺路。"

谁知李主编说自己更顺路，一定要去。李主编硬是转过小巷子，一点、一点往里挤，开到王教授的门口。

"我还得找呢！这巷子不好停车。"王教授说。

"没问题，您不是说放在桌子上吗？"正说着，后面的车大按喇叭催促。

"您还是别等了吧！"王教授拍着车窗，"告诉您实话，我还没写完呢……"

王教授再三找借口推辞，李主编居然没有听出王教授"我还没有写完呢"的言外之意，结果弄得两人都不愉快。

俗话说："说话听声，锣鼓听音。"这个"声"指的就是言外之意。

比如，你在路上遇到一个朋友，你问朋友："你上哪儿呀？"朋友答："到那边。"如果你又问："干什么去？"朋友答："办点事。"

朋友的话根本没涉及正题，只是含糊应答，如果你会听的话，就要意识到朋友不愿讲出来，就不要再继续追问下去。听不出朋友的言外之意，打破砂锅问到底会令朋友生气的。

通常除说话以外，一个眼神、一个表情、一个动作都可能在特定的语境中表达出明确的意思，就是同一句话也可以听出其弦外之言、言外之意。如果不能掌握和摸透这一点，就有可能遭受他人的伤害或伤害他人。

在朋友的交谈中，我们需要留意他的意外之意。

朋友在谈话中常常提及"我"、"我的"这几个字眼，证明他是一个极端自私和不关心你的人。一个心理学家说:"如果一个人的汽车出了故障,他就会常常提到它。同样,一个人有了心病,那他也会经常提起的。"只有他的话中"我们"的次数增加,你才可能与他发展友谊。

如果一个朋友经常提到那些不择手段的成功者,并且眼中露出羡慕之色,尤其津津乐道其手段的果断和残忍,他可能也是一个阴谋家,必要时,他不会顾及你们的友谊,会一脚把你踩在脚下。

你去请求朋友帮忙办事,而他始终不正面回答你,躲躲闪闪,"顾左右而言他",那就已经说明他不准备帮助你,你就不要在他那里耽误时间了。

你和朋友在商谈一件重要的事,他不公开称赞你的想法,而是说:"完全可以,但是……"这说明他不支持你的想法,甚至反对,只是碍于你的情面,不好意思直接说出来。

李强想卖掉公司去从事投资,而他的朋友却说了一大堆"投资的风险很大"的话,他听出朋友不喜欢他这么做,而主要原因是他们的公司之间是合作关系,自己卖掉公司,朋友就缺少了强有力的支持,朋友现在又没有资金买下他的公司,所以他采取了反对的意见。

做人感悟

你要善于留神朋友话语中的言外之意,这是"知"的一个重要环节。这样既可以改变你与朋友的关系,办事方便,还可以帮你了解朋友的内心,避免伤害朋友。

患难之时好识人

每个人都希望自己的人生一帆风顺,可事实却总是事与愿违。暗礁险滩总会遇见,坎坷与艰辛总会存在,但这也并非完全是坏事。你可以在这个时候认清周围的人,知道哪些人是真正的朋友。

常乐与霍通是好朋友,两人一起参加科举考试。主考官得知常乐出身世族之家,无论人品、才气都不错,文章也是才华横溢,便有意取他为状元,但又嫌他同贫寒又耿直的霍通相交甚深,有点犹豫。主考官便派人去找常乐，暗示他："只要你不再同霍通来往，主考官就取你为状元。"常乐听后非常不悦。

恰好这时朋友霍通来访，家人把他打发走了。常乐知道后大发雷霆，立即把霍通追了回来，如实地将情况告诉他，并说："状元有什么稀奇的，怎么也不能不要朋友呀！"说罢两人摆酒问盏，全没把派去的人放在眼里。

派去的人看在眼里，气在心里，回去便如实地回禀主考官，并怂恿道："这人不知轻重，把个朋友看得比状元还重要，那就干脆别当状元了。"谁知主考官一反初衷，既取了常乐，又取了霍通。原来两人深厚的友谊，感化了主考官那颗浸透了世俗偏见的心。

此后，霍通将常乐作为自己一生最好的朋友。因为在最关键的时候，常乐给了他最珍贵的友谊。

唐朝时，有一位官员因被人诬陷而进了牢房，没有人敢接近他。他的心情很苦闷，一度丧失了生活的信心，动了自杀的念头。这时他的一个部下，不怕受连累，主动来见他，给他送东西，并开导他，甚至狠狠地批评他的轻生思想，激励他鼓起活下去的勇气，他终于坚持了下来。后来这位官员出山后，十分感激他的这个部下，把他当成知己。这个部下得了重病，他把自己的全部积蓄拿出来给他看病，后来又把他接到自己家里养病，遂成了莫逆之交。

后来，这位官员的案子终于真相大白，他也官复原职，对那个部下非常信任，不久就提拔了他。

"患难之交才是真朋友"，这话大家都不陌生。在朋友遇到困难的时候，你应该主动帮他渡过难关，你就会成为他的患难之交，同样，当你遇到困难的时候，你就会分辨出谁是你真正的朋友。

平时礼尚往来，吉事庆祝，酒肉应酬，相见欢然，所有的朋友，彼此都是相同的。当得意的时候，宾客盈门，高朋满座，使你认为"四海之内皆兄弟"。但到一朝失势，患难迭至，以前所谓好朋友，还有几个理会？还有几个替你出力？还有几个施与援手？有的冷嘲热讽，有的反目若不相识，更有甚者落井下石，乘机渔利。到了这个时候，谁是真正的朋友，谁是势利朋友，便能分得清清楚楚。

你也许会感叹世风日下，人心不古，知己真是难得。你虽遭逢不幸，却得到一个考验朋友的机会，使你拨开人情的外表，发现人情的真相，这对你多少还是有些帮助的。人生不能一帆风顺，迟早会遭遇坎坷，早经磨难，使你早些认识人情，绝不是一件坏事。

做人感悟

如果你还没经历故事中的磨难，也该预先明白，不要以交友满天下自夸，以为将来即使有困难，每个朋友若出一分力，就算天大的难关，也都能闯过，其实有时候并非如此。当你遇到困难的时候，那些真正能帮助你的才算是真正的朋友，而那些避之唯恐不及的人，以后就知道该采取什么态度交往了。所以，患难有时候并不是坏事，它既可以让你更走近另一个人的心，也可以让你更懂得识别周围的人。

日久见人心

所谓"路遥知马力，日久见人心"，就是指用"时间"来观察人，时间久了，你就会发现他是否值得真心相对。

用"时间"来看待朋友，一个个都会自然而然地露出真面目。你不必去揭下他的假面具，他自然会自己揭下来呈现给你。

魏晋时期"竹林七贤"曾是好友，他们对酒吟诗，好不惬意。后来，"竹林七贤"之一的山涛，没有坚持退隐，40岁后出仕朝廷，后又荣升，一时非常得意。因为所处环境不同，随着时间的推移，他的思想变化非常显著，言必及官场，语必说达人，这与其他安于引退的几人有点格格不入，关系也因此有些微妙了。

山涛也感觉到了这一点，便有意让自己的朋友也出来做官。经过一番思考后，他欲荐举好友"七贤"之一的嵇康出任官职。嵇康知道后，给山涛写了一封有名的书信《与山巨源绝交书》。

在信中，嵇康强调自己一向安闲自得，不愿受人羁绊，表示了自己绝不为官的决心，同时他痛斥山涛推荐自己出仕是不了解自己，枉交朋友一场，最后表示与之绝交。

奥地利作家卡夫卡如今已经被世人所接受，他在文学上的地位也被后人越抬越高。他能被后世接受和认可，与他的朋友克劳德有一定的关系。

卡夫卡和克劳德曾经是同学，两个人在共同的写作爱好中，建立起高尚的友谊。卡夫卡是个生不逢时的大作家，以致一生穷困，在这期间克劳德给予他的帮助最大。卡夫卡当时没有发表过多少作品，生前并没有多大名声，但克劳德一直认为他的作品是精品，并坚定地认为他的作品会名扬后世。

遗憾的是卡夫卡在临死之前依然没有被接受，卡夫卡带着遗憾离开了人间，并在遗嘱中让克劳德将他的手稿付之一炬。但是他的朋友没有听从他的话，而是一生为这些没有面世的作品奔走，终于使卡夫卡在死后获得了巨大的名声。

时间检验出了克劳德才是卡夫卡最忠诚的朋友！人们不仅在后世认可了卡夫卡的作品，同时也感动于他们之间伟大的友谊。

唐代大诗人白居易曾挥笔写下了千古流传的名句："试玉要烧三日满，辨材须待七年期。"意思是验证宝玉是真是假，就得火烧三天；要分辨枕木和樟木，必须等它们长上七年。这是用来说明识别事物的真伪、人才的优劣必须经过长时间的考验。其实，检验友谊也是如此。

俗话说："真人不露相。"真正地识别一个人是很不容易的。"路遥知马力，日久见人心"，真正地了解一个人是需要一定时间的。因为仓促地为一个人下结论，会因个人的好恶而发生偏差。另外，善于伪装穿戴假面具的人也是不少的，这些假面具有的可能只为你而戴，而演的正是你喜欢的角色。你如想在较短的时间内识破是很难的，只有在长期观察中才能窥见一个人的真情实性。

用"时间"来看人，就是在初见面后，不管双方是"一见如故"还是"话不投机"，都要保留一些空间，而且不掺杂主观好恶的感情因素，然后冷静地观察对方的作为。从"云深不知处"到"原形毕露"只需一定的时间，只要你留心观察，你总会在有限的时间里看出其中的端倪。他人是否真心、是否伪善，都逃不过时间的检验。事实上，时间大师可以看出任何类型的人，包括小人和君子，因为这是让对方不自觉的"检验师"，最为有效！

做人感悟

至于要多长时间才能看出一个人的真情，这并没有标准界定。有的长至几年甚至几十年，短则一天甚至只需一刻。它完全因情况而异，如有人可能第二天就被你识破，有人二三年了却还云里雾中，让你丈二和尚摸不着头脑。这就需要我们在时间的推移中，多留心观察，通过特定的事情判断出人的优劣，这样既能保护自己，又不会失去好人。

暗地里更容易看清人

识人于微，察人于暗。意思就是识人要从暗处着手。要想更好地生存，需要对别人进行必要的了解，明白对方是怎样的人，才不至于被蒙蔽。

南宋时期，岳飞奉命围剿起义的杨幺，部队驻扎在洞庭湖畔。

一天，部队来了两个人，自称是杨幺的手下部将，因仰慕岳家军的声威，特地前来投靠，为了取得岳飞的信任，还带来了有关杨幺的军事情报。

岳飞开始见两位部将比较出色，便将他们提升为总兵，带领部分军人训练。当然，岳飞并不是十分相信他们，经过暗中观察，他发现两人经常出去送信，便知道他们是诈降。精明的岳飞没有当众戳穿他们，而是决定将计就计。

中秋节要到了，岳飞命令部队全军休整，并与部将们研究好了作战计划，决定中秋过后便发兵攻打杨幺的水寨。

中秋节之夜，岳飞命人带着另外一支军队突袭杨幺的水寨，杨幺因为事先得到中秋过后作战的情报，因此毫无防备，岳家军长驱直入，杨幺大败。

齐王后去世之时，必须在齐王的10位妃嫔中选出一人继任王后。但究竟要选择哪一位，齐王并不做明确的表示。

身为宰相的田婴开始动脑筋。他认为，如果能确定哪一位是齐王最宠爱的妃子，然后加以推荐，定能博得齐王的欢心，并且对他倍加信赖；同时，新后也会对他偏爱有加，对于以后的工作肯定会有帮助。不过，假如判断不准确，找不出齐王最爱的宠妃，事情反而糟糕。当然，这事又不能直接问齐王。

田婴想了几天，终于想到了一个办法，他命手下打造了10副耳环，而其中一副要做得特别精巧美丽。

田婴把这10副耳环献给齐王，齐王于是分别赏赐给10位宠妃。几天后，田婴再拜谒齐王时，发现齐王的爱妃之中，有一位戴着那副特别美丽的耳环。

毫无疑问，这位戴着美丽耳环的妃子，就是齐王心中新王后的人选。于是他向齐王上书，要求那位妃子做王后，果然，田婴推荐的那位妃子正合君王心意。

长于从暗地里观察别人，对自己是非常有利的，田婴就善于此道，巧用心机，博得齐王和王后的信任，使他屹立于权位的漩涡而安然无恙，并经历三位君王而相安无事，后来封于薛国之地，安享晚年。

识人的标准是了解人的内心世界。但是，人不容易了解，了解人不容易。汉光武帝刘秀是很善于听其言知其人的皇帝，却被庞萌蒙蔽；曹操是明察将士的能手，还是给张邈骗了；曾国藩善于识人，也曾经受到"不忍欺"的欺骗。人们常说眼见为实，而事实上有些事情并非真如你所见的一样，那些伪装的表象常常能蒙蔽你。

社会繁杂，很多表面现象并不一定是他人内心的想法，有些善于作假之人，恰恰是利用人们的眼睛欺骗他人。这样，就需要我们在暗地里看人，这样才能将人看得更准。

在同一个集体，有的人对他人非常了解，做事也非常得人心，这就是因为这些人常在暗地里观察他人，注重了生活中不被人注重的小事，再用巧妙的方法将其运用而已。所以，这样的人也非常受欢迎。

做人感悟

暗地里看人时，别人没有防备，没有刻意地伪装，这时你就能看到一个真实的对方。没有一个人整天都戴着面具，他总有松懈的时候，这时候的他就是最真实的自己，他自然流露的某种行为举止，体现了他的真实意图。你若能在暗中看到那一幕，就会对他有更进一步的了解。

小心忌妒之箭

　　魔鬼之所以要趁着黑夜到麦地里去种上稗子，就是因为他忌妒别人丰收的喜悦，就像毁掉田间麦子一样，忌妒这恶魔总是暗中活动，行踪诡秘去损坏人间好的事物。因此，我们在做好自己的同时，也要提防他人忌妒的冷箭。

　　有只蛇的头部和尾部正在争吵个不停，它们都想要做领导者。

　　尾对头说："总是你在带头，实在不公平，你应该偶尔也让我领导啊！"

　　蛇头答道："不可能的，因为这是我们的天性，我本来就是头，无法跟你替换。"

　　争吵一连持续了好几日，直到有一天，蛇尾忍无可忍，便一马当先窜到树上，爬得比头还快。

　　蛇头无法赶上，便决定让蛇尾自行主张。但不幸的是，蛇尾看不见该往哪个方向行进，结果，整条蛇掉入下面的火坑中，被烧死了。

　　张强和李伟是很好的朋友，两人在公司比较合得来，常常一起上下班，工作中也有相处的协作，两人又都是单身，自然走得近些。

　　不过，这种平衡很快被打破。原来，张强最近被提升为部门经理，而李伟依旧是一个普通的职员。李伟感到很不平衡，他有一种受伤的感觉。自己究竟有什么地方不如张强？为什么他得到提升，而自己却要受他的领导？

　　李伟觉得这不公平。是不是张强给了上级领导什么好处？是不是他与领导有什么特殊关系？我的能力与他不相上下，为什么提拔他而不是我？李伟把这个问题想了很久，怎么也想不明白。他感到遭受了沉重地一击，痛苦不堪。

　　于是，李伟将自己设想的原因当成真相透露给同事，一些张强与他提及的私密话题也都说了出去，而张强对此毫无察觉，依旧将李伟当成朋友。

　　后来，公司将一项很重要的工作交给张强，他则与以前一样和李伟一起讨论，然而，他却因为没有察觉到对方的忌妒心理而受到了沉重的打击。原来李伟将张强写好的方案透露给了竞争对手，致使公司受到了损失，张强也因此被开除了。

有些人总是想除去别人优越的地位，或想破坏别人优越的状态，含有憎恨的非常激烈的感情。有了这样激烈的感情，而不一定立刻显现于表面，这就是忌妒。忌妒是滋生狭隘的土壤，他们看到别人做出成绩，就会感到不舒服，他们容不得别人的进步，恨不得每个人都不如自己。

忌妒作为人性的弱点而普遍存在，只是有些人将忌妒化为动力，而有些人却用卑劣的手段破坏他人的成绩。正如荀子所说："士有妒友，则贤交不亲；君有妒臣，则贤人不至。"忌妒是腐蚀剂，是落后药，是剧毒品。它不仅会给忌妒者本身带来伤害，也会伤害到他人。这就要求我们在与他人交往的时候，注意他人的心理：一是不要过分张扬；二是一旦发现对方忌妒心强，应该马上远离他，或者想办法应对。

中国古代三国时，诸葛亮三气周瑜的故事相信大家都了解。由于诸葛亮神机妙算，智力比周瑜高出一筹，心胸狭窄的周瑜充满忌妒，遂对之产生加害之心。只是诸葛亮想出了应对之策，周瑜则是聪明反被聪明误，周郎妙计安天下，赔了夫人又折兵，无奈仰天长叹："既生瑜，何生亮？！"落了一个气绝身亡的下场。

做人感悟

忌妒是弱者的名字，它使人无法肯定自己的尊贵，同时也丧失了欣赏他人的能力。人的忌妒心像一把双刃的剑，当有人举起它时，虽满足了伤害别人的目的，但也会使得自己遍体鳞伤。所以，我们不仅要提防别人忌妒的冷箭，也应让自己心胸豁达，以免走入忌妒的误区。

知人一定要知心

所谓"画虎难画骨，知人难知心"，知面永远不可能正确地了解一个人，知人最重要的还是知心。人的心性是最深沉的，对一个人的鉴别，以心性最难。因为人的心不仅是可以隐藏的，而且还是变化的，这就为识人增大了难度。

春秋时期，郑相子阳的宾客荐举了当时很有学问的列子，说他的学问不可估量，谋略不可小看。于是子阳就派人送他数十车的粮食，希望列子能做他的宾客。

列子见到来人，得知来意，再三拜谢，但还是拒绝了，并把粮食如数归还。

使者见列子的态度如此坚决，只好悻然离去。使者走后，列子的妻子埋怨他，说："有能力的人家庭都会安乐幸福，可是现在我们已经穷困潦倒，相国送你粮食，你为什么不接受，难道让我们陪着你受一辈子苦吗？"

列子却笑着对妻子解释说："我之所以拒收相国的粮食，是因为相国只是听信了别人的话才给我送粮食。以后，他也会因听信别人的话怪罪于我。况且，一个不懂得识人的人，难免没有追求，为这样的人效命，迟早要受连累的。识人贵在识心，我们不能被子阳表面对我们的好蒙蔽了。"

后来，正如列子所言，子阳果然不值得他去效忠。郑国人民发难，将子阳杀死了。

有一个人养了几只猴子，他每天训练它们礼仪，还让它们学着像人一样跳舞。

这个人给它们穿上华丽的衣服，戴上人的面具，当它们跳起舞来时，也是婀娜多姿，精彩逼真。这种表演非常受欢迎，以至于国王也知道了此事，并让这人带着猴子到宫廷里表演。

这一天，国王盛宴群臣，并与大臣们一起观看猴子的表演。猴子们先是施礼，然后依照乐曲跳起舞，赢得了满堂喝彩之声。这时，其中有一位朝臣故意恶作剧，丢了一串香蕉到舞台上去，这些猴子看见了香蕉，纷纷揭掉面具，抢食香蕉，结果一场精彩的猴舞就在朝臣的哄笑中结束了。

现实生活中有些人就是如此，有的像第一个故事里的子阳一样，一见面就对你很好，让你难以了解他的心思；还有的像第二个故事中的猴子，整日戴着假面具在人生舞台上表演。因此小人戴上面具，会让你误以为是君子；恶人戴上面具，会让你误以为是善人；坏人戴上面具，会让你误以为是好人！人性险恶，我们不能只看到别人的表面就轻易相信他，因为那并不代表他的内心。

做人感悟

　　坏人的脸上没有标记，好人也没有，这就给伪善的人提供了机会。要想生活得更好，就需要对他人的内心予以了解。光看表面，你是看不出太多端倪的，只有通过走进对方的心扉，直接看到他人的本质，你才算真正了解了对方。

第二篇 ◆ 人生万难，识人最难

第三篇

拥有良好的交友心态

帮助他人成功，就是帮助自己

有人说，自私是人的天性，很多时候，人们都是"各人自扫门前雪，不管他人瓦上霜"，有人甚至以自己好于别人为乐。其实不然，在这个团体优势很明显的时代里，没有一个人可以一辈子只凭借自己的力量生活。他人的幸福与不幸、成功与失败都与自己息息相关。很多时候，在帮助他人的同时，我们其实也是在帮助自己。同样，漠视他人，吝啬于对他人的帮助，也可能在不经意间伤害到自己。

"帮助"虽然表面看上去是一方对另一方的单方面的给予和馈赠，但实际上，"帮助"是一个双面词，它会给两方面同时带来益处。俗话说得好：助人乃快乐之本。一个人在给予别人帮助的时候，他的内心必定充满了自信和愉悦，这种愉悦的心情会给他带来巨大的自豪感和优越感。而被帮助的人，则会因为受人恩惠而得到更具体和明显的益处。同时，被帮助的人也会存着一种感激的心，也会对帮助他的人给予更大的忠诚和信任。

战国时期，有一位叫做吴起的名将，由他率领的军队，在每一次的战役中都能一路过关斩将，所向披靡，因此被人们称为"战国第一名将"。

他军队中的士兵，各个都忠肝义胆，神勇无比，对他也更是比对一般将领的遵从之外，多了些敬意。这都是因为，他对战士无微不至地关心和帮助，打动了战士们的心。说起事情的缘由，还要从一次战争中说起。

有一次，他奉命率领魏军攻打中山国，有一个士兵身中敌军的毒剑，随时有毒发的可能。看着战士辗转呻吟、痛苦不堪的样子，他没有丝毫犹豫地跪下身来，为这名士兵把身上的毒剑伤口里的毒和脓血一口一口地给吸了出来，帮助他缓解了痛苦，保全了生命。

军队里的其他战士看到一个大将军为一个普通士兵屈膝吮血，莫不感动，对吴起产生敬畏之心，都决定从此死心塌地地跟着吴起。军队的士气一下子十分高涨，战士们变得空前的团结和勇敢。

自那以后，吴起的军队就成了一只攻无不克、战无不胜的常胜军，而吴起自己，也成为了历史上一颗耀眼的大将之星。

有句话说得好:"士为知己者死,女为悦己者容。"面对自己尊敬的人,做事当然也会格外努力和任劳任怨、不计得失。吴起就是这样一个典型的例子。也许从他的角度来说,他只是帮助了一个自己军队里的战士免受痛苦,但对其他千万个战士来说,他的行为是对他们的关心和爱护,是对他们这些微不足道的普通士兵的尊重和保护。面对这样一个良将,战士们又哪有不卖命的道理?所以吴起的军队才可以成为一支无坚不摧的军队,而吴起才能获得"第一名将"之称。他无心的帮人之举,最后反而更多地帮了自己。无独有偶,类似这样的故事也发生在了韩国某企业中。不过与上一个例子不同的是,这次的给予更少,只是一句肯定的话语而已。

钟民是韩国某大型公司的清洁工,这是一个最容易被人忽视的职位。平日里公司的员工们从他的面前走过,从来都是视而不见,好像公司里没有这个人的存在一般。

然而钟民却一下子成了公司里的勇士和功臣,成为大家关注的焦点。原来,一天晚上,在钟民做完最后的清洁工作之后,发现了一个想要盗窃公司保险箱的贼,他并没有因为事不关己而退缩,反而像看护自家财物一样,与歹徒展开了殊死搏斗,并最终保住了公司的财产安全。事后,有人怀疑他这么做只是为了邀功,也有人说他想在高层面前展示自己。在被问到这么做的动机时,答案却出乎意料,他很轻松地说:"当公司的总经理在我身边走过时,总会不时地赞美我说'你的地扫得真干净'。"

你看,就是这么简简单单的一句话,使一个员工感受到了企业对他的在意,感动了这个员工。表面看上去只是一句上司对员工的赞扬,可这却保留了员工(特别是如此不被人注意的职位)的自尊,换来的是他对企业的归属感和以后工作上的努力。

古语有云:"助人者,人恒助之"。对于我们这些平凡的人来说,在做好本职工作以外,去帮助和分担一些别人的困难,虽然会花费一点时间或者精力,但得到的却要比你所付出的多得多。这种获得,并不单体现在他人日后的回报上,更多的则体现在你助人为乐、帮助他人成功的心中。

做人感悟

社会发展得越快,越需要人与人之间的密切联系,互相帮助与合作

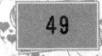

也显得更加重要，助人成功，未尝不是一种双赢。正如微软的一句名言一样：Make others great, make yourself great. 帮助他人成功的同时，也会帮助你自己成功。

替别人着想更有说服力

美国汽车大王福特说过一句话："假如有什么成功秘诀的话，就是设身处地替别人着想，了解别人的态度和观点。"因为这样不但能得到你与对方的沟通和谅解，而且能更清楚地了解对方的思想轨迹及其中的"要害点"，瞄准目标，击中"要害"，使你的说服力大大提高。

曾经有人说，要想让别人相信你是对的，并按照你的意见行事，首先必须要人们喜欢你，否则你就要失败。可是如果我不能设身处地站在别人的角度，找到别人的诉求，又怎么可能让对方喜欢呢？

有一次卡耐基租用某家饭店的大礼堂来讲课。有一天，他突然接到通知，租金要增加三倍。卡耐基去与经理交涉。他说："我接到通知，有点儿震惊，不过这不怪你。如果我是你，我也会那样做。因为你是饭店的经理，你的职责是尽可能使饭店获利。"

紧接着，卡耐基为他算了一笔账："将礼堂用于办舞会、晚会，当然会获大利。但你撵走了我，也等于撵走了成千上万有文化的中层管理人员，而他们光顾贵饭店，是你花5000元也买不到的活广告。那么哪样更有利呢？"经理被他说服了。

卡耐基之所以成功，在于当他说"如果我是你，我也会那样做"时，他已经完全站到了经理的角度。接着，他站在经理的角度上算了一笔账，抓住了经理的诉求：赢利，使经理心甘情愿地把天平砝码加到卡耐基这边。

有家电视台，每周设置一次关于人生问题讲座的节目，收视率比其他时段的节目要高出许多。收视率之所以偏高，当然有许多原因，但其中最重要的原因，是观众们欣赏节目中的巧妙答话。

大多数有疑难问题而上电视请教的观众，在开始时会对解答者所做的种种忠告提出反驳或辩解，并且显得十分不情愿接受对方所言。但久而久之，于不知不觉中就会对解答者所说的每一句话都颔首称是，看着电视画面，觉得比在电影院看一场电影还要好。

凡电视台的主持人或问答者，无不是精挑细选才产生出来的，所以光是听听他们的说服方式也获益不少。

对于不易说服的人，最好的办法就是使对方认为你与他是站在同一立场的。通常出现在这类探讨有关人生问题的电视节目上的观众，以离婚女子占多数。此时负责解答疑难者常说的一句话是：如果我是你，我会原谅他，而且绝不与他分手。

你千万别认为话中的"如果我是你"只是短短的单纯的一句话而已，殊不知它能发挥的效力是多么不可限量！而这也是由于人人都认为"自己是最可爱的"心理所致。

做人感悟

如果你在说服别人的过程中，无意间使用了一些不太妥当的言词，由于你巧妙地运用这句"如果我是你"，结果就会弥补你言词上的过失。不仅如此，它还能促使对方做自我反省，并终于感觉到唯有你的忠言，才是对自己最有利的。

用温情融化他人心中的坚冰

人们一般都认为，双方的矛盾爆发之后的一段时间，是交际的冰点。但如果此时一方能主动作出一个与对方预期截然相反的善意举动，就会使对方在惊愕、感叹、佩服、敬意之中认同你，从而化敌为友。交际的冰点就成了成功交际的切入点。

当美国开国总统华盛顿还是一位上校的时候，他率领着部队驻守在亚历山大，在选举弗吉尼亚议会的议员时，有一个名叫佩恩的人反对华盛顿所支持的候选人。同时，在关于选举问题的某一点上，华盛顿与佩恩形成了对抗。华盛顿出言不逊，冒犯了佩恩，佩恩一怒之下，将华盛顿一拳打倒在地。华盛顿的部下闻讯，群情激愤，部队马上开了过来，准备教训一下佩恩。华盛顿当场加以阻止，并劝说他们返回营地，这样一场干戈暂时避免了。

第二天一早，华盛顿派人送给佩恩一张便条。要求他尽快赶到当地的一家小酒店来。佩恩怀着凶多吉少的心情如约到来，他猜想华盛顿一定要和他进行一场决斗，然而出乎意料，华盛顿在那里摆开了丰盛的宴席。华盛顿见佩恩到来，立即站起来迎接他，并笑着伸过手来，说道："佩恩先生，犯错误乃人之常情，纠正错误是件光荣的事。我相信昨天是我不对，你已经在某种程度上得到了满足。如果你认为到此可以解决的话，那么握住我的手，让我们交个朋友吧。"华盛顿热情洋溢的话语感动了佩恩。从此以后，佩恩成了一个热烈拥护华盛顿的人。

交友办事，如果让对方觉得他与你有相同的利益，或者与你交往有利可图，对你的感觉自然不一样。就是好比战场上同一个战壕的战友一样，战友之间有着相同的利益，同生死共存亡，每一个人都要勇敢地去战斗，才能取得共同的胜利。

做生意也是如此，合作双方在沟通与合作上，只要让对方感觉你对他有利，就能迅速拉近彼此的距离，双方自然很快就能成为好朋友。若只顾和陌生人谈生意，谈合作，交朋友，却让对方看不到好处，对方自然不会去干，你说一百句动听的话，还不如让对方得到一点实实在在的好处。

做人感悟

要想得到陌生人的支持和帮助，道理也同样如此。好处是合作的砝码。让双方知道合作后得到好处，得到回报，让对方觉得与你合作值得，那么，你就能轻松地与对方成为朋友。

以低姿态出现在人们面前

日常交谈中，你要保持谦谦君子的心态，学会安抚他人的心灵，也就是说，你不可以使对方产生相形见绌的感觉，并尽可能的以低姿态出现在人们面前。

英格丽·褒曼在获得了两届奥斯卡最佳女主角奖后，又因在《东方快车谋杀案》中的精湛演技获得最佳女配角奖。然而，她领奖时，却一再称赞与她角逐最佳女配角奖的弗伦汀娜·克蒂斯，认为真正获奖的应该是这位落选者，并由衷地说："原谅我，弗伦汀娜，我事先并没有打算获奖。"

褒曼作为获奖者，没有喋喋不休地叙述自己的成就与辉煌，而是对自己对手推崇备至，极力维护了对手的面子。无论谁是这位对手，都会十分感激褒曼，会认定她是真心的朋友。一个人能在获得荣誉的时刻，如此善待竞争的对手，如此与伙伴贴心，实在是一种文明典雅的风度。

为了维护良好的人际关系，你的一言一行都要为对方的感受着想，学会安抚对方的心灵，不可以使对方产生相形见绌的感觉。与此同时，自己的心灵也会因安然自慰，而有一个极好的心情。

经常可以看见一些人大谈自己的得意之事，这是不好的。对方不仅不会认为你了不起，反而会认为你是不成熟的、卖弄过去好时光的人等，所以，尽可能不要提自己的得意之事。

如果你想把生意做成，就得以一种低姿态出现在对方面前，表现得谦虚、平和、朴实、憨厚，甚至愚笨、毕恭毕敬，使对方感到自己受人尊重，比别人聪明。在谈事时也就会放松自己的警惕性，觉得自己用不着花费太大精力去对付一个"傻瓜"了。当事情明显有利于你的时候，对方也会不自觉地以一种高姿态来对待你，好像要让着你似的，也就不会与你一争长短了。其实，你以低姿态出现只是一种表面现象，是为了让对方从心理上感到一种满足，使他愿意与你合作。实际上越是表面谦虚的人，越是非常聪明、工作认真的人。当你表现出大智若愚来使对方陶醉在自我感觉良好的气氛中时，你就已经完成了工作的很重要的一半。

你谦虚时显得他高大；你朴实和气，他就愿与你相处，认为你亲切、可靠；你恭敬顺从，他的指挥欲得到满足，认为与你配合很默契，很合得来；你愚笨，他就愿意帮助你，这种心理状态对你非常有利。

相反，你若以高姿态出现，处处高于对方，咄咄逼人，对方心里会感到紧张，做事就没把握了，而且容易产生一种逆反心理，使工作难以进行。

做人感悟

为了把事情办成，把生意做好，你不妨常以低姿态出现在别人面前。使别人感到安全时，你自己也是安全的。

尊重他人的意愿就是尊重自己

每个人都有各自的生活方式，如果不考虑个人生活方式和思维模式的差异，而硬是将自己的想法强加给别人，不仅会造成别人对你的反感，还容易让对方感到你不尊重他。

在现代交往礼仪中，平等是最基本也是最重要的原则。从心理学的角度看，人人都有渴望平等和被尊重的心理要求。社会是一个复杂的有机体，是由数不清的许多个体组成的一张大网，而每个人都像是这张大网中的一个网结，与其他人有着千丝万缕的联系，人不可能脱离这张网而单独存在。每个人每时每刻都在和他人进行互动和往来，世界上没有哪一个人能够离开别人的存在而独立生存下来。正是因为这种交往是互动的，我们在与他人交往中，就应当本着人人都希望别人尊重自己这一人们的普遍渴望与需求，设身处地为他人着想，尊重他人，让别人被尊重的需求得以满足。

每个人都是相对独立的个体，在与他人交往中，忌讳带着有色眼镜看人，因为只有平等的交往，才会尊重对方，而尊重对方，也是尊重自己的表现。

英国著名的戏剧家、诺贝尔文学奖获得者萧伯纳有一次在苏联接受访问，当他在莫斯科的街头散步的时候，看见一个非常可爱的小女孩正蹲在街边玩耍。萧伯纳顿时童心大发，与小女孩玩了起来。

他和这个小女孩玩了很久之后，临分手的时候，他对小女孩说："回去告诉你的妈妈，你今天和伟大的诺贝尔文学奖获得者萧伯纳一起玩了，你们会从电视中看到我的。"

他以为小女孩会很惊喜很崇拜地看着他，可令他没想到的是，小女孩抬头看了看他，学着他的语气说："也请你回去告诉你的妈妈，你今天和一个苏联的小女孩安妮娜一起玩了，你们还玩得很高兴。"

萧伯纳听了小女孩的话很吃惊，他立刻认识到自己的傲慢和对小女孩的轻视，他为这种不尊重人的行为感到十分抱歉，在与小女孩道歉之后，便匆匆离开。

后来，萧伯纳每次回想起这件事都感慨万千。他说："一个人无论有多么大的成就，对任何人都应该平等相待，那不仅是对别人的尊重，更重要的是那也是对自己的尊重。"

萧伯纳事后所领悟到的，正是在与人交往中尊重的重要性。对别人的尊重不仅可以表现出一个人的胸襟和魄力，更可以成功地获得他人的尊重与爱戴。在与人交往的具体行为中，要体现出对他人的真诚的尊重，最忌讳的就是貌视别人。与人交往，不论对方职位高低，身份如何，我们都应该尊重他的人格，使他感受到你的真诚，让他觉得在你的心目中，他是受欢迎的一个人，从而使他得到一种心理和精神上的满足。这样，才能得到对方的尊重和喜爱。相反，在交往中任何不尊重他人的言行，都有可能引起他人的反感，也就更加不会得到他人对自己的尊重了。

有这样一个发生在美国纽约的故事，故事的主人公是一位四十多岁的中年妇女。一天，美国著名的企业"巨象集团"的花园，来了一位四十多岁的妇女，还领着一个十几岁的小男孩。他们坐在一张椅子上，女人似乎很生气地在训斥着男孩，边说着，还边把一团用过的卫生纸扔在了旁边的灌木丛上。而灌木丛边，站着一位正在修剪灌木的老人。

老人看到扔过来的纸团，又看了看正在训斥小男孩的妇人，什么也没说，默默地把纸团捡起来扔到了附近的垃圾桶里。

没想到，只过了几分钟，中年妇女又拿出一张纸巾，擦了擦脸，又把纸团扔到了草丛上。老人再次走过去，把纸团扔到了桶里。

看到这一幕，妇女非但没有悔意，还指着老人大声地对男孩说："你看，如果你再不好好学习，你将来就会和这老头儿一样，一辈子做这些卑贱的工作。"

老人听了，放下手里的剪刀，来到女士的面前，仍然态度谦逊地问道："夫人，请问您是这家公司的员工吗？这里是公司的私人花园，按理说只有员工才能进来。"

女人一听老花匠竟然敢质疑自己的身份，傲慢地说："我可是下属一家公司的部门经理，我就在这里工作！"说着，还拿出证件在老人面前晃了晃。

老人沉默了一会儿，打了一个电话就回到灌木丛前继续自己的修剪工作。几分钟后，一名男子匆匆赶过来，毕恭毕敬地站在老人面前，对老人说："我这就按您的吩咐免去这位女士的职务。"老人没有回答来人的话，只是走到小男孩的面前，说："孩子，这世界上最重要的，不是学会一身本领，而是要学会去尊重每一个人。"说完便转身离开了。

中年妇女看着自己的上司如此尊敬一个老花匠，愣在那里不知所措。赶来的男人对妇女说："你所鄙视的这位老人正是我们集团的总裁。而现在，你被开除了。"

"什么？他竟然是总裁詹姆士先生？"中年妇女不可置信地看着老人离开的方向，顿时呆在了那里。

这个故事说明只有真正学会尊重他人、尊重身边的每一个人，才能得到他人的尊重，也可以避免使自己受到损失。

"尊重别人就是尊重自己"，一个集体往往靠一种相互支撑的尊重维系着成员之间的和谐与默契。尊重是一把火炬，在心灵与心灵之间传递着爱与信任；尊重是一把金钥匙，能够打开所有上锁的灵魂；尊重也是一面明镜，时时提醒着我们的行为举止。

做人感悟

<u>摒弃所有的成见去尊重身边的每一个人吧，因为只有尊重，才是彼此能够交流信任的基础和前提。只有获得了别人的尊重，别人才会愿意聆听你的意见，按照你的意见办事，而你，也就达到了目的。</u>

使人们自愿去做你想要他们做的事

将自己的意见强加于人固然不对，但如果确实是你的见解更加合理或优秀呢？这时，你需要的是用更加睿智的方式，让别人在接受你的意见的同时，又感受到你对他们的尊重和真诚。一味地硬生生地说教，只会破坏你与他人之间的关系。换个思维方式进行考虑，如果单单提出建议，让对方通过自己的思考去得出你想说明的答案，不是一个更容易被人接受、也更聪明的方法吗？

没有人喜欢被强迫，我们更喜欢按照自己的意愿去做事，甚至喜欢在任何时候，都能有人来征询我们的愿望和意见，这样才能显现出我们的重

要性。

一位汽车销售员通过朋友了解到一对夫妇有购买二手车的想法，就三番五次地来到夫妇的家中，向他们推销自己代理的汽车，从外观讲到性能，从品牌讲到价格，费尽口舌、花样百出，却丝毫没有吸引这对夫妇的注意。他们总是认为车子有些毛病，这个外观过于老套，那个性能不好，好不容易有几辆看着顺眼的，也以价钱太高回绝了销售员。

销售员为此很苦恼，他始终不知道失败的原因，按常理来说，他能做的已经都做了，可为什么那对夫妇就是不满意呢？一个朋友帮他指点迷津，告诉他："别强迫那种意志不坚定的购车者，要让他主动挑选出一辆适合自己的，你什么都不用做，只要让他觉得，那是他自己的意思，就够了。"

销售员半信半疑，但由于想不出什么别的办法，他决定按照朋友说的试试。几天之后，另一位顾客想把自己的旧车换成一辆新的，推销员一下想到那对夫妇，也许他们会喜欢这辆旧车。于是，他给他们打了个电话，但并没有直接推销汽车，而是说有个问题想请教一下。

那对夫妇接到电话后很快就到了卖车的地方。销售员说："我知道你们对买车已经有很多心得和经验，我想让你们帮忙看看这辆老爷车可以值多少钱，这样我可以在以后的交易中，有个准确的资料。"

那对夫妇听到这些话后笑容满面，终于有人向他们请教了，有人看得起他们。丈夫二话不说就钻进了车里，驾车兜了一圈，又围着车子左看右看之后，他说："这车子，如果你能以1万元买进，那你就真是捡到宝了。"

销售员接着问："那如果我以你说的数目买进这台车，再转手卖给你，你要不要？"

1万元，正是那对夫妇的意思，他自己的估价，哪有不要的道理？于是这笔生意当场就成交了，双方各取所需，皆大欢喜。

其实车都差不多，甚至也许以前的更多，价格也更合算，但只是因为之前是别人的意思，之后是自己的主意，就改变了买车人的想法和事情的结果。这也正说明，想要改变一个人的意见并不是不可能完成的，关键在于方式方法，只要方法得当，让别人听取你的意见后反而觉得那是自己得出的结论，这样的改变，接受起来就容易得多。让对方觉得那是他自己的主意，他就会无条件地、自愿地去做他认为该做的事，也就是你想让他做的事。

在威尔逊总统执政白宫期间，上校赫斯对内政和外交上都有着很大的影响力。他受到威尔逊总统的重视程度，甚至在内阁成员之上。到底是什么原因使赫斯上校能够有如此大的影响力呢？

赫斯说："我认识总统之后，发觉改变他观点的最好方法，不是一次次严肃的内阁会议，而是通过不经意的谈话将观念移植入他的心里，让他感兴趣，进而自己去思考。"

这个发现源于一件令人感到意外的事。

有一天，赫斯去白宫拜访威尔逊总统，劝说他采取一项政策。但似乎威尔逊并不十分赞同这项政策，只是大概地听了听理由和构想，就匆匆结束了会谈。

但在后来的一次内阁会议中，威尔逊总统竟然说出了赫斯前几日提出的那项建议，并且说那是他自己的意思。

赫斯并没有当众打断总统的话，揭发那是他提出的意见，而不是总统的意见。反而在总统结束演说之后，大肆赞赏总统的睿智。因为赫斯在乎的是建议能否被通过这一结果，而不是建议是由谁提出的。

从此以后，赫斯掌握了如何将自己的意见转达给总统的秘诀，每次有了什么新的政治构想，他总是在谈话间不经意地说出，引导总统自己思索，得出他想要的结论，这也让赫斯成为在威尔逊总统面前最有影响力的一个人。

由此可见，比起将自己的意见强加于人的愚者来说，借由当事人的口，把自己的想法说出来的智者更值得我们赞赏。因为他们不仅成功地改变了别人的看法，把自己的意见灌输给了其他人，更重要的是，在改变的过程中，他们让其他人感受到了自己得出结论的快乐与满足。这样既达到了自己的目的，又保住了别人的面子，我们何乐而不为呢？

做人感悟

　　一个聪明的人应该学会什么时候该坚持己见，让别人看到你的独到之处，也要知道什么时候该掩起锋芒，与团队和谐一致。这样，才能在人际相处这张大网中自由穿梭，游刃有余。

别把别人的隐私不当回事

何谓隐私？美国学术界比较有代表性的定义是：隐私是一种保持安静的独处生活的权利，是对他人接近一个特定个人的限制，是保护一个人在其不愿意的情况下不被其他人接近或者接触。这种接触既包括实际中的身体接近或接触，也包括对个人信息的接触。它是对个人亲密关系的自决或者控制。

每个人都有不同的侧面和不同的性格因素，在不同的人面前，我们展示出的是自己性格中不同的方面：在父母面前，我们是长不大的孩子；在朋友面前，我们是平等的人；而在老板同事面前，我们所展现出的，是干练和专业的工作者。在每一个侧面中，我们都有不同的角色，在这种角色之下，我们也有不同的不愿为人知的秘密。这是对自我的保护，也是保持自我独立个性的一个组成因素。

即使是与亲人和爱人我们也很难做到毫无保留，何况是和朋友、同事。保留是我们对自己的保护，隐私是我们在与人的交往中设定的一道门槛：门外是大千世界，门内是自我空间。每个人都需要一个可以让自己卸下假面和武装，放松身心的空间。在这个空间里，我们可以让思想天马行空，可以不去在意别人的看法，想说就说，想做就做，这就像一个秘密花园，在这个秘密花园中，唯一的访客就是我们自己。而一旦这个空间被别人有意或无意地闯入，即使是关系再亲密、再好的人，也会使人产生被侵犯和不被尊重的不良感受，这不仅会弄得双方面上尴尬，严重的甚至会使双方撕破脸皮，良好亲密的关系荡然无存。所以，给别人留一些自我的空间，与人保持适当的距离，才能使双方都感觉到尊重和舒适。既不会淡漠、生疏，又不会产生矛盾，这才是与人相处中最正确的位置。

相信大家对这句诗都很熟悉："不识庐山真面目，只缘身在此山中。"庐山可称为美景了，看不出它的美，正是因为身在山中的缘故。人与自然景观的距离差异尚且能产生如此大的差异，更不要说人与人之间更加微妙的关系了。有句话叫"失之毫厘，谬以千里"，这种距离差异所带来的巨大变化，在人际关系中同样适用。

很多人都有这样的经验：亲密的人之间往往比其他人更容易发生摩擦和矛盾，反而与交情不深的人比较容易相处。这是为什么呢？这就是距离所导致的问题，凡事都讲究一个"度"字，这个度掌握得好，自然能在人际交往中顺风而行，而这个度如果过大或者过小，就会不利于自己的人际关系：要么逐渐生疏，成为路人，要么太过亲密，给人被侵犯隐私的感觉。这两种情况都会导致同一个结果，那就是人际关系上的失败。

保持适度的距离感，不但会让你在与人交往中显得收放有度，还可以合作得更加紧密。

羽毛球选手葛非和顾俊可谓是中国羽毛球坛中公认的黄金组合，两人在赛场上配合默契，你来我往，仿佛心有灵犀一般，每次总能杀得对方片甲不留，自然也是战无不胜的常胜将军。

每一个看过她们打球的观众都以为她们在私下里也一定是亲密无间的好朋友，所以才会有如此默契的配合。但让人意想不到的是，这对被大家称作"东方不败"的黄金搭档，在羽毛球场外却没有多少往来，甚至都不能算是一般的朋友，她们的交往，只限于在球场上的合作而已。

原来，这一切都出自教练的一片苦心，他严格限制她们私下里的交往，是怕她们会因交往过密而产生矛盾，如果把私人的矛盾带入到球场中，那结果就可想而知了。

也许正是教练有意地保留了她们各自的空间，让她们在亲密合作之外多了些距离，她们才能成为"东方不败"的黄金搭档，才能保持默契的合作关系。无独有偶，体坛还有一项既需要亲密合作，又需要保持距离的运动：男女双人花样滑冰。

在男女双人花样滑冰运动员之间也有一个最佳位置：若即若离。原因很明显，太近的距离不但容易产生碰撞甚至被割伤，更影响各自动作的完整性；而太远的距离，虽然保持了各自动作的完整，却破坏了整体的美感和配合。

男女双人花样滑冰通过完美的动作和配合给观众以美的享受。观众们在电视前看着男女选手默契的配合和会心的眼神交流，都以为他们是热恋中的情侣，才会有那样出色到位的表现。但在一次对双人花样滑冰运动员的采访中，他们的说法却与观众得出的结论大不相同，原来他们在私下里，并不像冰上那般亲密。

节目中,当主持人问及一对伙伴是否真如外界传言是冰上情侣的时候,著名的滑冰运动员张丹和张昊却说,大多数冰上情侣其实都是根据观众和评委欣赏的需要而在刻意表演,这样可以增加花样滑冰的美感,让观众和评委觉得他们是一对冰上的浪漫爱人,只是花样滑冰完美展现的一个方面。

张丹说:"其实除了极少的几对真的因为每天的朝夕相处培养出感情,变成了真的情侣以外,很多对双人滑的选手并不是情侣的关系,甚至连好朋友都说不上,只能说是一般的朋友,就跟上班族公司里的同事差不多性质。因为每天都要在训练场上相处,每天有一大半的时间都跟同一个人在一起,所以很多人在私下反而会刻意避免跟对方的交往。"

张丹还开玩笑地说:"人与人总需要点距离么,如果每天都看着同一个人,他不厌我都看烦了,哪还有什么神秘感可言。"所以一般的冰上拍档反而会在训练之外的时间里避免见面:一是因为个人有自己的私人空间和不同的交际圈;另一个因素,就是可以保持与对方合作的新鲜感与神秘感,这样才能在冰上有更好的表现。

所以说,不管多么亲密的人际关系,都应该给彼此保留一个属于自己的绝对私人的空间。

太紧密的交往,会让对方觉得透不过气来,而这种压迫感,正是现代人所竭力避免的。如果你过于密切地和一个人交往,这种出于好意的热情往往会造成相反的结果,使对方在压力面前越走越远,与你的关系也会越来越恶化。只有保持适度的距离,才能够保持一种长久、稳定的关系,才能让他人有安全感,感觉自己的隐私没有被人挖掘和破坏,可以继续坚守自己的秘密花园。

做人感悟

每个人都有不为他人所知的秘密,有些人的秘密与别人无关,与感情无关,只是单纯想给自己忙碌的生活留出一点儿私人的空间,给这个喜欢觊觎的世界留出一个不被窥视的场所。这样的隐私,是个人的,如果你用过度的热情把它挖掘出来,后果只能是给别人带来伤害,而同时也会让你与他人的关系走到了尽头。

情利分明，不走极端

既要感情又要功利是一种灵活的人脉交往尺度，需要我们细心揣摩，准确把握，只有找到人情与利益的最佳结合点，才会有利于我们的人脉交往。千万不要走极端。顾此失彼，现实生活中，缺少了哪一个，都会让我们感到有些遗憾。

还在年少时，胡雪岩就非常注意人与人之间的"人情账"。他把"钱财账"背后的"人情账"看得较前者尤为重要。

还在做学徒时，胡雪岩的一个朋友从老家来杭州谋事，病倒在客栈里。房租饭钱已经欠了半个月，还要请医生看病，没有五两银子不能出门。

胡雪岩自己薪水微薄，但又不忍心看着朋友困顿无助，就找到一个朋友那里。朋友不在，胡雪岩只得问朋友的妻子，看她是否能帮一个忙。

朋友之妻见胡雪岩人虽落魄，那副神气却不像倒霉的样子，家小也是贤惠能助男人的人，就毫不犹豫地借了五两银子给他。

胡雪岩很有志气，从腕上捋下一只凤藤镯子，对朋友之妻说："现在我境况不好，这五两银子不知道啥时候能还，不过我一定会还。镯子连一两银子也不值，不能算押头。不过这只镯子是我娘的东西，我看得很贵重。这样子做，只是提醒我自己，不要忘记还上人家的钱。"

后来胡雪岩发达，还上了五两银子。朋友之妻要把镯子还给胡雪岩。胡雪岩却认为，这笔"钱财账"虽然还上了，但背后的"人情账"却没有还上。他说："嫂子，你先留着。我还上的只是五两银子，还没有还你们的情。现在你们什么也不缺，我多还几两银子也没太大意义。等将来有机会还上您这份人情了，我再把镯子取走。"

后来这位朋友在生意上遭了人暗算，胡雪岩闻讯后出面相助，朋友幸免于难，朋友之妻再次要还镯子，胡雪岩这才收下。

"钱财账背后的'人情'，向来是比钱财更重要的。"胡雪岩认识到这一点，也受益于这一点。当年王有龄落魄时，胡氏冒着危险给他送去500两银子，后来王发迹之后，不仅还掉了500两银子，还还了胡雪岩一份人情，这份人情成了胡雪岩创业的资本。

但是，在另一种情况下，即"钱财账"与"人情账"互为消减的时候，胡雪岩向来是将后者作为第一考虑的，他宁可舍去钱财，做个人情。

为了能做成"洋庄"，胡雪岩在收买人心、拉拢同业、控制市场、垄断价格上可谓绞尽脑汁、精心筹划。他费尽心机周旋于官府势力、漕帮首领和外商买办之间，而且还必须同时与洋人和自己同一战壕中心术不正者斗智斗勇，实在是冒了极大的风险，终于做成了他的第一桩销洋庄的生丝生意，赚了十八万两银子。然而，这也不过是说来好听，因为合伙太多，开支也太大，与合伙人分了红利，付出各处利息，作了必要的打点之外，不仅分文不剩，原先的债务没能清偿，而且还拉下一万多银子的亏空，等于是白忙活一场。尽管如此，胡雪岩依然决定即使一两银子不赚，也该分的分，该付的付，绝不能亏了朋友。

这笔人情使胡雪岩获得的效益实在是太大了，它不仅使合作伙伴及朋友们看到了在这桩生意的运作中胡雪岩显示出来的足以服众的才能，更让朋友们看到他重朋友情份，可以同患难、共安乐的义气。且不说这桩生意使胡雪岩积累了与洋人打交道的经验，和外商取得了联系并有了初步的沟通，为他后来驰骋于十里洋场和外商做军火生意以及借贷外资等打下了基础，同时，通过这桩生意，他与丝商巨头庞二结成牢固的合作伙伴关系，建立了他在蚕丝经营行当中的地位，为他以后有效地联合同业控制并操纵蚕丝市场创造了必不可少的条件。仅仅从他这分、付之间显示出来的重朋友情分的义气，使他得到了如漕帮首领尤五、洋商买办古应春、湖州"户书"郁四等可以真正以死相托的朋友和帮手，其"收益"就实在不可以金钱的价值来衡量。可以说，胡雪岩的所有的大宗生意，都是在他们的帮助下做成的。因此，可以说，在这一笔生意上，胡雪岩的"钱财账"是亏了，而"人情账"却大大地赚了一笔。前者的数目是有限的，后者却能给他带来不尽的机会与钱财。

说到底，处理好钱财账与人情账的关系，也是人脉交往中的必懂玄机。在人脉交往中，许多时候确实不能仅仅在金钱上算自己的赚赔进出账，仅仅在自己的赚赔进出账上打"小九九"，也许能凭着精细的算计获得一些利益，但却很难有大的成就。相反，有时在钱财的赚赔上洒脱些、大气些，常常会收到意想不到的，而且往往是更大、更长远的效益，给你带来更大的成功。胡雪岩不在乎钱财上的赚赔出入，获得如此的效益，让人不能不佩服他的大气和远见。假如他只盯着自己钱财上的进出而一毛不拔或为自己多留一点而一毛分成几段拔，是否最终会得不偿失呢？

而更为难能可贵的是，胡雪岩有着"责人宽，律己严"的胸怀，对待钱财的人情的问题，如果他亏了，他会大量地将其化做人情；但如果亏的是对方，他一定会坚持感情归感情，生意归生意。这也是他的信用一个重要体现。

人与人之间也的确需要信用的保证。这种保证当然可以是合作伙伴之间的朋友感情，但生意场上仅有感情是不够的，还需要有感情之外的按规矩来的保证。中国有句老话叫做"亲弟兄，明算账"，说的就是这个道理。而这句话中透出的人们由生活经验而来的智慧，也的确是商场中应该遵循的至理名言。

胡雪岩的高明之处，在于他深刻地抓住了"钱财账"与"人情账"之间的辩证关系，不重此轻彼，而是完全根据不同的事件，不同的条件去区别对待，处理好二者的相互关系，有取有舍，能宽能严，能做到这一点，也是这个盛极一时的"红顶商人"不同凡响之处。

做人感悟

做任何事情都要把握好火候。就像烙饼，时候早了熟不了，时候晚了饼就焦了，只有恰到好处才可以做出又香又酥的饼。合伙也一样，即使你需要合伙，也不是任何时候都可以合伙的，一定要选择一个恰当的时机，否则很有可能一败涂地。

乐于忘记是一种心理平衡

有一个朋友说过："我只记着别人对我的好处，忘记了别人对我的坏处。"因此，这位朋友受大家的欢迎，拥有很多至交。古人也说："人之有德于我也，不可忘也，吾有德于人也，不可不忘也。"别人对我们的帮助，千万不可忘了。

乐于忘记是一种心理平衡。有一句名言说"生气是用别人的过错来惩罚自己"。老是"念念不忘"别人的"坏处",实际上最受其害的就是自己的心灵,搞得自己痛苦不堪,何必呢?这种人,轻则自我折磨,重则就可能导致疯狂的报复了。乐于忘记是成大事者的一个特征,既往不咎的人,才可甩掉沉重的包袱,大踏步地前进。乐于忘记,也可理解为"不念旧恶"。人是要有点"不念旧恶"的精神的,况且在人与人之间,在许多情况下,人们误以为"恶"的,又未必就真的是什么"恶"。退一步说,即使是"恶",对方心存歉意,诚惶诚恐,你不念恶,礼义相待,进而对他格外地表示亲近,也会使为"恶"者感念其诚,改"恶"从善。

唐朝的李靖曾任隋炀帝时的郡丞,最早发现李渊有图谋天下之意,便向隋炀帝检举揭发。李渊灭隋后要杀李靖,李世民反对报复,再三请求保他一命。后来,李靖驰骋疆场,征战不疲,安邦定国,为唐王朝立下赫赫战功。魏征也曾鼓动太子李建成杀掉李世民,李世民同样不计旧怨,量才重用,使魏征觉得"喜逢知己之主,竭其力用",也为唐王朝立下丰功。

宋代的王安石对苏东坡的态度,应当说,也是有那么一点"恶"行的。他当宰相那阵子,因为苏东坡与他政见不同,便借故将苏东坡降职减薪,贬官到了黄州,搞得他好不凄惨。然而,苏东坡胸怀大度,他根本不把这事放在心上,更不念旧恶,王安石从宰相位子上垮台后,两人的关系反倒好了起来。苏东坡不断写信给隐居金陵的王安石,或共叙友情,互相勉励,或讨论学问,十分投机。苏东坡由黄州调往汝州时,还特意到南京看望王安石,受到了热情接待,二人结伴同游,促膝谈心,临别时,王安石嘱咐苏东坡:将来告退时,要来金陵买一处田宅,好与他永做睦邻;苏东坡也满怀深情地感慨说:"劝我试求三亩田,从公已觉十年迟。"二人一扫嫌隙,成了知心朋友。

相传唐朝宰相陆贽,有职有权时曾偏听偏信,认为太常博士李吉甫结伙营私,便把他贬到明州做长史。不久,陆贽被罢相,被贬到了明州附近的忠州当别驾。后任的宰相明知李、陆有这点私怨,便玩弄权术,特意提拔李吉甫为忠州刺史,让他去当陆贽的顶头上司,意在借刀杀人,通过李吉甫之手把陆贽干掉。不想李吉甫不记旧怨,上任伊始,便特意与陆贽饮酒结欢,使那位现任宰相借刀杀人之计成了泡影。对此,陆贽自然深受感

第三篇 ◆ 拥有良好的交友心态

动，他便积极出点子，协助李吉甫把忠州治理得一天比一天好。李吉甫不搞报复，宽待别人，也帮助了自己。

人与人之间最难得的是将心比心。谁没有过错呢？当我们有对不起别人的地方时，是多么渴望得到对方的谅解啊！是多么希望对方把这段不愉快的往事忘记啊！我们为什么不能用如此宽厚的理解开脱他人？

做人感悟

<u>古往今来，不计前嫌、化敌为友的佳话举不胜举。以古为鉴可以让我们明白事理，明辨是非，把握前途。</u>

要尽量与人亲善

常听音乐的人一般都有派别之分，他们常自诩自己是古典音乐派，爵士音乐派，流行歌曲或民谣派，就好像是政坛上的党争，从不轻易越雷池一步。但是经多方调查之后，才明白他们的好恶并非绝对的。

让喜欢古典音乐的人多听几次民谣之后，他们往往也会喜欢民谣，这种情况我们称为"亲密效果"。人们对于接触次数多的事物，都会或多或少地产生亲切感，一旦对此事物具有亲密的感情，便会逐渐地喜欢它。

这个道理对人也是一样的。觉得讨厌的人，和他交往一段时日后，也会产生亲切感。有一位朋友就善于利用这个法子，他说："对于讨厌的人，我愿意和他保持来往，直到喜欢上他为止。"在现在这个社会中，四周都充满了你不喜欢的人，而这种对象越多就越不容易生存。当然，没有讨厌的人最好，所以我们要尽量与人亲善，消除他们在我们心中的坏印象。

"厌恶"并非天生，也非绝对，多半是由于缺乏亲切感而引起的，就好像我们进入黑暗的地方，刚开始时会有不安与恐惧感，不久，当眼睛适应之后，不安与恐惧感便会渐渐消逝。相同的道理，对于讨厌的人或工作，只要不断地接触，当熟悉对方以后，厌恶的感觉便会逐渐消逝。

美国心理学家华德逊曾以条件反射为基础，创立了行为主义的心理学派。他曾经大发豪语："只要给我一群小孩，我就能依照大家的愿望，把他们塑造成军人、教师、商人。"

他的话未免太夸张了，不过，他的方法也有可取之处，至少他能造出惧怕老鼠的猫，也能使一向讨厌狗的小孩转而喜欢狗。

华德逊所利用的心理学原理，就是先把一个玲珑可爱的毛皮狗玩具递给一向讨厌狗的孩子玩；待他玩习惯之后，也就是先在心理上适应了以后，再让他去接触小狗；不久，再一面让他接近大狗，一面让大人从旁边褒奖或鼓励，结果，这个孩子就会慢慢不畏惧任何狗了。

目前，临床心理学的行动治疗法也采用此项原理，同样地，这种方法也能活用在我们的日常生活里。

一个人要想和所有的人都成为亲密的朋友，那是不实际的，不可能的。但是，如果我们尽量学会和各种不同性格的人打交道，我们就能和更多的人相处得很好。如果我们每个人都善于和各种不同性格的人交往，人与人之间就会减少一些疙瘩，大家相处得就会变得更加融洽，工作起来就能相互协调。

那么，我们应该怎样和不同性格的人相处呢？

一、要承认差别

俗话说，花有几样红，人与人不同。认识到这一点，就不会强求别人处处和自己一样，就可能容忍相互间性格上的差别。不同性格的人之间，就可能会减少一些反感和厌烦情绪。

二、制造"共鸣"

共同的兴趣和爱好能将人聚集在一起，共同的目标和志向能使人走到一块儿。所以，人与人"合群"与否的关键就在于双方是否能在相同之处产生"共鸣"。在人际交往中，要尽量寻找双方的共同点，使彼此产生心理上的"共鸣"，以减弱影响交际的不利因素，把相互间相左的性格特点放在交际的次要位置，求大同存小异。

三、对对方感兴趣

要学会真诚地对别人感兴趣，要从一些生活小节上表现出对别人的极大热情和关注。譬如，要留心观察对方的生活和工作情况，看有无需要帮助的地方；要记住对方的生日，到时去道一声"祝您生日快乐"；对方工作取得了成绩或得到了提拔，别忘了道一声"祝贺"；对方遇到不顺心的事或有天灾人祸，要去表示一下安慰等。

四、尊重别人的隐私

相互尊重中，最重要的含义之一就是尊重对方的人格和权利，维护对方的自主权、独立权。如果你强烈地感觉到对方有心事，哪怕是十分好奇，也有一种非常愿意帮忙的动机，也不应去打听对方的这种心事。不要以为朋友这样的做法便是不信任自己、不愿与自己交心。要容忍对方的这种沉默。

五、多发现别人的优点，取长补短

急性子的人不要看不惯慢性子的人，要看到慢性子的人考虑问题有时候可能比较周全，特别是对于某种需要耐心的工作，他就很适合。慢性子的人也不要讨厌急性子的人，要看到急性子的人干事往往不拖拉，很麻利。要多看到别人的优点，注意取长补短，这样大家不仅能够和睦相处，相互还会有所裨益。

做人感悟

"人上一百，形形色色。"只有学会与不同的人相处，尽量与人亲善，才能让生活、工作更加顺畅。

时刻顾及别人的面子

人是有自尊心的。很多时候，我们无意中的一句话就可能使朋友之情完全破裂。

孙涛说自己干过的最糊涂的一件事就是不该伤了朋友的面子。孙涛有个知己叫林羽，林羽是个很出色的年轻人，可就是家境太贫寒，他上大学拿的是助学贷款，平时还要打工赚取生活费，穿的衣服都是破旧过时的，一到周末他每天就只能吃一顿饭……孙涛跟林羽认识后，十分同情他的处境。正好两人身材相仿，孙涛就常把自己的衣服送给林羽，还拉林羽去自己家吃饭，又往林羽的饭卡里充钱。对于孙涛为自己所做的一切，林羽非常感激，并表

示在自己有能力的时候，一定回报孙涛。孙涛自然不会期望获得回报，但也为自己拥有如此出色的朋友而感到骄傲。不过这一切却都被孙涛冲口而出的一句话给毁了：那天孙涛跟女朋友迟敏闹了矛盾，孙涛便约了林羽和一大群同学去小酒馆喝酒。喝多了以后，孙涛就开始胡说八道，大骂迟敏脚踏两只船，这时林羽听不下去了，他让孙涛清醒一下，并说他敢担保迟敏绝对不是那样的人，但孙涛酒劲一上来伤人的话就冲口而出："你担保？吃我的用我的，连你身上这套衣服都是我的，你凭什么担保？"顿时小酒馆里静得连掉根针都能听见，林羽脸色惨白地从酒馆走了出去。第二天，林羽归还了所有的衣服用品，不知从哪儿借了300多块钱存到了孙涛卡里，林羽没给孙涛任何解释的机会，两人从好朋友变成了陌路人。

因为孙涛当众出言伤人，伤了朋友的面子，而失去了一个知心朋友，这都是由于他在处事方法上的失误造成的。要知道在一些人眼里，面子是十分重要的，有时候面子甚至重于一切。了解这一点，你就该知道，即使是对最亲密的人，也要给他留面子。

有人说：中国人死要面子。"死要面子"，就是说宁愿死，也要面子。孔子的高足子路就是这样，他为了不丢面子，不惜结缨而去。因为面子反目成仇甚至生死之争的情况并不少见。

公元前605年，楚人献给郑灵公一个特大的鳖，灵公用它来大宴群臣，却唯独不让子公吃。

这是因为一次上朝，子公的食指突然动了起来，他便对别的大夫说："我的食指一动，就能尝到非同一般的美味。"灵公听后，偏要让子公的话不能实现，这显然是不给子公面子。子公也不是好惹的，为挽回面子，就径直走向烹鳖的鼎前，染指于鼎，尝之而出。子公挽回了自己的面子，却扫了灵公的面子。双方只好翻脸，只不过子公抢先一步，弑杀灵公，并给他弄一个"灵"的谥号，让他永远没有面子。

想想灵公死得真不值，就因为丢了别人的面子，便遭到杀身大祸，死了依旧没有面子。

每个人都需要面子，而且也都希望自己有面子，有面子就能被别人看得起，表明他在人群中间有优越感。懂得这个道理，交友就方便许多，只要你能放下自己的面子，给别人一个面子，相信你会在办事跑关系时获益匪浅。

不过这种面子必须是你给别人的，而非自己争的。争面子于己于友，都没好处，只会伤了和气。

西晋的款爷石崇与王恺斗富，就是典型的面子之争。王恺用麦糠掺米饭擦锅，石崇就用蜡烛煮饭；王恺用紫丝布做布障40里，石崇就做锦布障50里；王恺用赤石脂涂墙，石崇就用花椒和泥来涂。最后，弄得晋武帝也来帮忙，他赐给王恺一支二尺高的珊瑚树，世间罕有。没想到石崇根本没把它放在眼里，拿起他的玉如意就敲过去，珊瑚树应声而碎，他回头吩咐左右回家取出珊瑚树，让王恺任意选取，有三尺高的、四尺高的，弄得王恺怅然若失，垂头丧气。石崇太过固执，不会忍让朋友，一下子让王恺的面子丢尽。

他比王恺富有，这是事实，他却非比不可，比的结果，自然是他面子十足。无论王恺接受不接受珊瑚树，有一点是肯定的，面子伤了，谈交情就谈不上了。石崇大可不必做得如此绝，假如他肯处处让别人一分面子，那就是另一种情形。

处世时，首先就是要懂得时刻顾及别人的面子。倘若你自恃自己的面子大，不把别人放在眼里，碰上死要面子的人，就可能不吃你那一套，甚至可能撕下脸皮和你对着干，这样常常会把彼此的关系弄僵。

懂面子，你还得去要面子，假若你请朋友吃饭，而朋友不太领情，这时，你便不能割袍断交，你要学会去要面子，你要说看在多年交情的分上，给我一个面子。只要他给了你面子，他吃了饭，那么，他的人情算欠下了，即使饭是朋友给你面子才吃的。送礼也一样，让朋友给个面子收下，这个面子你得去要。

老李帮老朋友办了件事，老朋友和妻子拿了些礼品登门道谢，老李觉得自己只是举手之劳，就死活不收礼，没想到老朋友一去就再没跟他联系过。老李打电话一问，朋友在电话里说："提礼物去愣被你推出来了，知道我那天怎么从你家走出来的吗？"老李这才知道怎么回事，道歉之后两人又和好如初。

另外的一点，给面子要给得恰当，不恰当就是不给面子。如果被请之人面子很大，而又未受到应有的待遇，则成了极伤面子的事情。

做人感悟

　　永远不要说这样的话："看着吧！你会知道谁是谁非的。"这等于说："我会使你改变看法，我比你更聪明。"——这实际上是一种挑战，在你还没有开始证明别人的错误之前，他已经准备迎战了。为什么要给自己增加困难呢？为什么要把自己放在别人的对立面呢？为什么要让彼此都下不了台呢？时刻顾及别人的面子，你们才能更好地相处。

要勇于承认自己的错误

　　俗话说："人非圣贤，孰能无过？"人与人之间交往并不都是一帆风顺，就是朋友之间同样免不了发生一些不愉快的事情：比如感情冲动，话说过头，事做得过火；由于方法不当，说错了话，或做错了事等。遇到这种情况，丝毫不要羞羞答答、扭扭捏捏、遮遮掩掩，最好是勇敢地向朋友道歉。

　　有些人认为，朋友之间还用得着客套？即使有所冒犯也无须道歉，其实错了。生活中因为一件小事、一句言语、一次口角、一个行为就使几十年的老朋友反目的事不是常有的吗？因为不肯道歉和认错，或者找各种借口来掩饰自己的过错只能加深矛盾，使朋友生气。道歉，并非耻辱，而是真挚和诚恳的表示；道歉，可以避免一场纠纷的出现。

　　一个人有勇气主动对朋友承认自己的错误，不仅可以消除对方的怒气，自己也可以获得某种程度上的满足感。这不仅可以消除罪恶感和自我维护的本能，更重要的是有助于解决这个错误所造成的问题。

　　真正的道歉不仅仅是承认一个错误，它还表现在，你意识到自己的言谈举止有损于你与他人之间的关系，而且对补偿和重建这种关系有着相当的愿望。

　　当然这绝不是一件轻而易举的事情，承认错误是令人难堪的。但是，一旦你迫使自己勇敢地这样去做，克制自己的骄傲心理，它将会成为一种奇妙的医治感情创伤的"良药"。

第三篇　◆　拥有良好的交友心态

71

友谊——朋友是一生的财富

抗美援朝时期，洪学智是彭德怀元帅的副手，主要分管军备后勤的工作。有一天前线上的第三军反映缺粮，彭德怀立即打电话给洪学智，质问他为什么第三军无故断粮，并说这样的后勤管理太荒唐，洪学智坚持说第三军现在肯定没有断粮，两人争执不下，彭总对洪学智大发了一通脾气。最后，派人到前沿的第三军驻地了解情况，哪知第三军军长抱歉说："电报有误，我们还有足足三天的后备粮呢！"彭总得知真相，对洪学智哈哈大笑："老洪，委屈你啰，吃一个梨，算是我给你赔梨（礼）了。"通过这件事，洪学智更加敬重彭总的无私的胸怀，两个人的战斗友谊，在这场误会中变得更加密切了。

我们都需要学会道歉的艺术。让我们老老实实地回想一下，有多少次由于你严厉刺耳的评判和尖刻的话语使你以失去朋友为代价而受到了惩罚？然后，你计算一下，有几次你曾坦白、诚恳地表明了你的歉意？

记住，向人表示道歉不是一件丢脸的事，而是成熟和诚实的表现。即使是伟人也会道歉。丘吉尔对杜鲁门的第一印象十分不好，后来他告诉杜鲁门自己曾一度严重地低估了他——这是一句用高明的恭维话表示的一种歉意。

一位当大夫的朋友曾讲过这样一件事：

一位诉说有各种各样病痛的男人到他那里去看病，这个人头疼、失眠、消化紊乱，可是却找不到任何生理上的原因。

最后，这位朋友对他说："除非你告诉我你的良心上有什么不安，否则我是无法帮助你的。"经过痛苦的思想斗争，这个人终于承认，他作为父亲指定的遗产执行人，一直对住在国外的弟弟欺瞒了他的遗产继承权。马上，这位明智的大夫便敦促这个人给他弟弟写了一封信，请求弟弟的宽恕，并随信附寄了一张支票作为第一步的补偿。然后，他一直护送这个人把这封信送到邮局，当这封信在检信口消失的时候，这个男人流出了热泪。"谢谢你，"他说，"我相信我的病都好了。"他真的就恢复了健康。

如果你认为朋友想要或准备责备你，也许对方是在吹毛求疵，这时你不要烦恼，自己先行一步，主动把对方要指责你的话说出来，那他就拿你没办法了。赫巴是位曾闹得满城风雨的最具独特人格的作家之一，他那尖酸的笔锋经常惹起一些人强烈的不满。但是赫巴以少见的为人处世的技巧，常常化敌为友。

当一些愤怒的读者写信给他，表示对他的某些文章不以为然，结尾又痛骂他一顿时，赫巴就如此回答："回想起来，我也不尽然同意自己。我昨天写的东西，今天不见得全部满意。我很高兴你对这件事的看法。下次你来附近时，欢迎驾临，我们可以交换意见，遥祝敬意。"

如果面对一个这样对待你的人，你还能怎么说呢？

当我们对的时候，我们就要试着温和地、巧妙地使对方同意我们的看法；而当我们错了，就要迅速而坦率地承认。

这种技巧不但能产生惊人的效果，而且在任何情形下，都要比为自己争辩还要有用得多。你信不信呢？

别忘了这句古话："用争斗的方法，你绝不能得到满意的结果；但用让步的方法，收获会比你预期的高出许多。"因此，如果你希望妥善地解决争端，请记住下面的规则：如果你错了，就要很快坦率地承认。

做人感悟

对于朋友应该勇于承认自己的错误，承认自己的言行破坏了彼此间的关系。通过认错表示你对相互间关系的十分重视，这样不仅可以弥补以往交情中的裂痕，而且还可以增进彼此间的感情。

宽容地对待每个人，避免偏见

在卡耐基的培训班上，马里杰·斯比勒·尼格文讲了这样一个故事：

"我年轻时自以为了不起。那时我打算写本书，为了在书中加进点'地方色彩'，就利用假期出去寻找。我要去那些穷困潦倒、懒懒散散混日子的人们当中找一个主人公，我相信在那儿可以找到这种人。"

"一点不差，有一天我找到了这么个地方，那儿到处都是荒凉破落的庄园、衣衫褴褛的男人和面色憔悴的女人……最令人激动的是，我想象中的那种懒惰混日子的味也找到了——一个满脸乱胡须的老人，穿着一件褐色的工作服，坐在一把椅子上为一小块马铃薯地锄草，在他的身后是一间没有油漆的小木棚。"

"我转身回家，恨不得立刻就坐在打字机前。而当我绕过木棚在泥泞的路上拐弯时，又从另一个角度朝老人望了一眼，这时我下意识地突然停住了脚步。原来，从这一边看过去，我发现老人的椅边靠着一副残疾人的拐杖，有一条裤腿空荡荡地直垂到地面上。顿时，那位刚才我还认为是好吃懒做混日子的人物，一下变成为一个百折不挠的英雄形象了。"

卡耐基指出，急于下结论，怀有偏见是人际冲突的常见原因。我们为什么不能对别人多些了解、多些宽容呢？

每个人都可能患上偏见的"疾病"，只不过程度轻重不一。偏见是根据自己所得到的一点点信息，凭主观的想象，甚至已有的经验和逻辑，编故事似的给对方编制了一个形象，甚至由此去推知他的过去和将来。

和一个人初次见面，对方穿着随便、谈吐粗俗，你很可能会认为对方是一个没文化、缺教养的人。当然，你可以这么认为，但如果你进而认为他办事肯定不认真，而且自私，甚至可能有点邪恶，以至于以后不愿和他进行任何合作，那么就过分了，就变成了一种偏见。持有这种思维方式的人，很容易失去很多机会。因为每个人都有优点和缺点，我们和人交往、合作，关键要充分利用别人的优势，充分发挥对方的优势，从而给自己提供方便。

很多人会以第一印象轻易地判断一个人，通过第一印象中的一些信息来判断他的一切，这显然是一种以偏赅全的错误。

对他人产生偏见，结果往往是对自己不利。因为对他人有偏见，很容易被对方察觉，一旦别人感觉到你对他有偏见，很可能会产生抵触情绪。如果你们是同事，那么麻烦就来了，合作是肯定不可能的了。所以，一次偏见就等于少了一个合作伙伴，甚至少了一个可能的朋友。

做人感悟

要想消除偏见，我们就得设法改变自己的一些思维定式。重要的是要使自己坚信每个人都是有优点和缺点的，我们和人交往要尽可能多看别人的优点，少看别人的缺点，能以这样一种态度去交际，我们就会感到这世界很美好，肯定能宽容地对待每个人。

忍小节者能干大事

一个人不能事事操心，平分精力。人的精力是有限的，如果处事不分轻重主次，必然徒劳无功，弄不好纠缠于小事之上，反而耽误了大事。北宋吕端善忍小节，被人称为"大事不糊涂"。吕端聪明好学，成年后风度翩翩，对于家庭琐碎小事毫不在意，心胸豁达，乐善好施。一次吕端奉太祖赵匡胤之命，乘船出使高丽。突然海上狂风大起，巨浪滔天，飓风吹断了船上的桅杆，一般人十分害怕，吕端毫无反应，仍然十分平静地在那里看书。

宋太宗赵光义时代，吕端被任命为协助丞相管理朝政的参知政事。当时老臣赵普推荐吕端时，曾对宋太宗说："吕端不管得到奖赏还是受到挫折，都能够十分冷静地处理政务，是辅佐朝政难得的人才。"

宋太宗听后，便有意提拔吕端做丞相。有的大臣认为吕端"平时没有什么机敏之处"，太宗却认为："吕端大事不糊涂！"终于，吕端成为宋太宗的宰相。在处理军事大事时，吕端充分体现出机敏、果敢的才能。每当朝廷大臣遇事难以决策时，吕端常常能较圆满地解决问题。

淳化五年，归顺宋朝的李继迁叛乱，宋军在与叛军的作战中，捉到了李继迁的母亲。宋太宗单独召见参知政事寇准，决定杀掉李母。吕端预料太宗一定会处死李母，等到寇准退朝后，便巧妙地询问寇准："皇上告诫你不要把你们计议的事告诉我吧？"寇准显出为难的神色。吕端见寇准没有把话封死，接下来说道："我是一朝宰相，如果是边关琐碎小事，我不必知道；如果是国家大事，你可不能隐瞒我啊。"吕端、寇准都是明大义、知轻重的人，所以吕端才敢公开地向寇准询问他与皇帝议事的内容。寇准听懂了吕端的话中之意，便将太宗的意思如实告诉了吕端。吕端听后急忙上殿奏太宗说："陛下，楚霸王项羽俘虏了刘邦的父亲，威胁刘邦，扬言要杀死他的父亲。刘邦为了成大事，根本不理他，何况是李继迁这样卑鄙的叛贼呢？如果杀掉李母，只会使叛军更加坚定了他们叛乱的决心。"

太宗听了觉得有理，便问吕端应该如何处置李母。吕端富有远见地回答："不如把李母放置在延州城，好好地服侍她，即使不能很快招降叛贼，

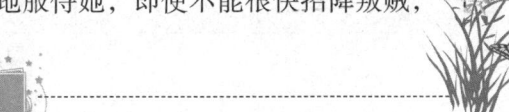

也可以引起他良心上的不安；而李母的性命仍然控制在我们手中，这不是更好吗？"吕端一席话，说得太宗点头称赞："没有吕爱卿，险些坏了大事。"

吕端巧妙运用攻心战术，避免事态扩大，李继迁最终又归顺宋朝。

如果说处理李继迁的问题时，吕端深明大义，努力纠正皇帝的错误，避免了大的失误，那么在关系到江山社稷大事上，一向不拘细节的吕端却反其道而行之。宋太宗至道三年，皇上赵光义病危，内侍王继恩忌恨太子赵恒英明有为，暗中串通副丞相李昌龄等人图谋废除太子，另立楚王元佐。楚王元佐是太宗长子，原为太子，因残暴无道，太宗废弃了他。吕端知道后，秘密地让太子赵恒入宫。

太宗一死，皇后令王继恩召见吕端来见。吕端观察到王继恩神色不对，知道其中一定有变，就骗王继恩进入书阁，把他锁在里面，派人严加看守，自己冒着生命危险去见皇后。皇后受王继恩等人怂恿，已经产生了另立楚王元佐的意图，见吕端来便问道："吕丞相，太宗皇上已经去世了，让长子继承王位才合乎道理吧？"吕端回答说："先帝立太子赵恒，正是为了今天，怎么能违背他老人家的遗命呢？"皇后见吕端不同意废太子赵恒，默然不语。吕端见皇后犹豫不定，立即说道："王继恩企图谋反，已经被我抓住。赶快拥立太子才能保天下安定啊。"皇后无可奈何，只好让太子继承皇位。

太子赵恒在福宁殿即位的那一天，垂帘召见群臣，吕端担心其中有诈，请求卷帘听朝。他登上玉阶，仔细看了一番，确认是太子赵恒才退了下来。随后，他带领群臣三呼万岁，庆贺宋真宗赵恒登基。

卷帘认准了自己拥立的皇帝才肯行礼，吕端确实是大事不糊涂。正是吕端善于容忍平时的小事，但对于重大问题的细节却一点儿也不忽略，才能完满地处理问题。处世恰到好处，要做到小事装糊涂，这是种容忍的功夫。如果什么事都看不惯，看不惯就要插手管，结果会什么事也管不好，反而会得罪一大批人。

做人感悟

对大事不含糊，认认真真地干好；忍小节是为了精力充沛干大事；做人别太过，做事别太绝，给人留余地；以宽恕的态度感化对手，让对手成为自己合作的力量，事业将会更加壮大。

第四篇

动人的谈吐是受欢迎的资本

事业的成功需要良好的谈吐

要想取得事业上的成功，良好的谈吐是必不可少的一种资本。当今社会是一个充满竞争与合作的信息化社会，良好的谈吐直接关系个人事业成败的重要因素。生活中有"一言既出，驷马难追"之说，工作场合有"一语定乾坤"之说，生意场上有"金玉良言，利益攸关"之说。可见，在现代社会中，是否能说，是否会说，关系着一个人事业的成败。

春秋战国是我国舌辩之士的鼎盛时期。纵横家们游说列国诸侯，或献合纵之计，或献连横之策，一言既出，天下大变。名流之士凭着三寸不烂之舌，得宠于君王，官至一人之下，万人之上，好不得意。

张仪以舌辩之才当上了秦国的宰相，但最初只不过是魏国的落魄贵族的后代。有一次，张仪到楚国游说时跟楚国宰相饮酒，不久楚相丢了一块玉璧，门客们便怀疑张仪，说："张仪贫穷，品德不好，一定是张仪偷去了玉璧。"人们于是把张仪绑起来，拷打了几百下后才释放。张仪的妻子说："唉！假如你不读书游说，怎会受到这样的侮辱？"张仪却对妻子说："你看看我的舌头还在吗？"妻子忍俊不禁，说："舌头还在。"张仪说："这就够了！"后来，张仪果然凭着辩才雪了耻，还取得了秦国的宰相之位。

与张仪同时代的苏秦，最初以连横的理论游说秦王，遭到冷遇，不得已穷困潦倒而归。他的父母因他没出息而不认他这个儿子，他的嫂子甚至在家中指鸡骂狗不给他做饭吃。他受尽了羞辱，于是头悬梁、锥刺股，秉烛读书通宵达旦，终于提出了联合抗秦的合纵论，并且苦练舌辩功力，成为能言善辩的饱学之士。他再次游说列国诸侯，宏论阔议，倾倒六国君王，挂上了六国相印，最终使这位足智多谋的策士获得了极大成功。嘴巴创造的奇迹令人叹为观止。

所以，事业要成功，好口才是不可或缺的一种资本。

美国资产阶级革命时期著名的政治家、外交家富兰克林说过："说话和事业的进步有很大的关系。"

事业的成功和失败，往往决定于某一次的谈话，这话绝不是过分夸张的。在富兰克林的自传中,有这样一段话:我在约束我自己的时候,曾经参照过一张美德检查表。当初那表上只列着12种美德,后来,有一个朋友告诉我,说我有些骄傲,这种骄傲,常在谈话中表现出来,使人觉得盛气凌人。于是我立刻注意这位友人给我的忠告,我相信这样足以影响我的前途,然后我在表上特别列上虚心一项,我决定竭力避免一切直接触犯别人感情的话,甚至禁止自己使用一切确定的词句,像"当然"、"一定"、"不消说"……而以"也许"、"我想"、"仿佛"……来代替。富兰克林又说:"说话和事业的进行,有很大的关系,你如果出言不慎,你如果跟别人争辩,那么,你将不可能获得别人的同情、别人的合作、别人的助力。"这是千真万确的,一个人事业的成败,常会在一次谈话中获得效果。所以,想获得事业上的成功,你必须具有能够应付一切的高超的说话水平。

美国人类行为科学研究者汤姆士指出:"成名是说话能力的结晶。说话能力能使人显赫,鹤立鸡群;能言善辩的人,往往受人尊敬、爱戴和拥护。它使一个人的才学充分扩展,熠熠生辉,事半功倍,业绩卓著。"他甚至断言:"发生在成功人物身上的奇迹,一半是由口才创造的。"

中央电视台"东方时空"曾经做过一个"杨利伟怎样成为我国进入太空第一人"的节目,被采访的航天局领导说了杨利伟入选的三个原因:一是杨利伟在五年多的集训期间,训练成绩一直名列前茅;二是杨利伟处理突发事件的能力特别强,在担任歼击机飞行员时,多次化解飞行险情;三是杨利伟的心理素质好,口头表达能力强,说话有条理、有分寸。就是凭借着以上三个优势,杨利伟最终通过了"1600人——300人——14人——3人"的淘汰考验。

航天局领导还透露了这样一个细节:最后确定了三个人为首飞候选人。实际上,三个人各方面都十分优秀,难分高下,但考虑到我国第一个进入太空的宇航员,将要面对全世界的瞩目、接受新闻媒体的采访,还将进行巡回演讲,所以最后决定让口才好的杨利伟进行首飞。

由此可见,是良好的谈吐使杨利伟成为中国进入太空的第一人!节目中还介绍:杨利伟认为航天无小事,所以不管做什么事情,都尽自己的最大努力做好。学技术、学政治是如此,训练后的总结会、训练小结也是如此。在总结会上,杨利伟总是准备充分、积极发言,发言条理清晰、逻辑性强，从容不迫，给领导留下了深刻的印象。所以，当口头表达能力作为选择的一个重要条件时，命运的天平就偏向了拥有良好谈吐的杨利伟。

拥有良好谈吐的人，无论走到哪里都会受到重视，比一般人拥有更多、更好的发展机会。一个人必须懂得如何探寻事物、如何说明事理以及如何尽心说服性言谈，才能获得他人的支持。律师出身的美国参议员、美国著名的演说家戴普曾经说过："世界上再没有什么比令人心悦诚服的交谈能力更能迅速地获得成功与别人的钦佩了。这种能力，容易赢得合作。"

一个会说话的人，总可以流利地表达出自己的意图，也能够把道理说得很清楚、动听，使别人很乐意地接受。有时候还可以立刻从问答中测定对方言语的意图，并从对方的谈话中得到启示，增加自己对于对方的了解，跟对方建立良好的友谊。不会说话的人，不能完全地表达出自己的意图，往往会使对方费神去听，而又不能使他信服地接受。

1916年，美国化验学家路易斯在一篇论文中首次提出了"共价键"的电子理论。这个理论对于有机化学的发展具有重大意义。可是这一理论发表后，在美国化学界并未引起应有的反响。其中一个重要的原因便是路易斯不善言谈，没有公开发表演说，以宣传自己的见解。

三年以后，美国另一个著名化学家朗缪尔发现了路易斯见解的可贵。于是，朗缪尔一方面在有影响的美国化学学会会志等刊物上发表多篇论文，阐述和发展路易斯的理论，同时，又多次在国内外的学术会议上发表演讲，大力宣传"共价键"。由于朗缪尔能言善辩，对"共价键"做了大量宣传解释工作，才使得这一理论被美国化学界承认和接受。一时间，美国化学界纷纷议论朗缪尔的"共价键"，而把这理论的首创者路易斯的名字几乎忘却了，有人甚至把它称作朗缪尔理论。

做人感悟

谈吐与事业的关系非常密切。良好的谈吐是胜任本职工作最重要的条件之一。说话水平高的人，更能将他们的才干通过语言充分地显露出来，从而脱颖而出，让他们走向事业的成功和辉煌。而有的人之所以在事业上遇到障碍，是因为他们的表达不够流畅，不能将自己的内在美和真才实学完全地展示出来。

好谈吐换来好人缘

这是一个讲究人际沟通的时代，这是一个靠口才赢得人脉的时代。在当今社会中，事业的成功离不开口才，人脉的兴旺同样需要好口才。拥有好口才，就能赢得人脉，获得好人缘。

有一次余小姐和几个同事一起去参加省里的业务考试，当她走进考场时，只见余小姐的桌子上有三个大钉子分布成三角形排列在桌面上，且冒出很高。如果不注意，这不仅会刮衣服，同时也会影响答题的速度。余小姐一脸的怒气要求监考老师换桌子，可监考老师说："现在不能换，别违反考场纪律！"余小姐气得柳眉倒竖，连说："真倒霉，不考了。"这时，一位同事见了忙打圆场说："有几个钉子算什么！"余小姐说："你说得轻松，这可是三个钉子，躲都躲不过去呢！"这位同事说："你太幸运了，我还求之不得呢！"余小姐说："你别拿我开心了，这么倒霉的事要让你碰上，你还能说幸运？"这位同事说，"你知道这三颗钉子说明了什么吗？这叫板上钉钉！说明你今天的三科考试铁定了都能过关。"余小姐听后马上转怒为喜："借你的吉言，我今天要是三科都及格了请你去吃麦当劳。"结果一个月后公布成绩，余小姐果然三科都顺利过关。

这位同事真是个会说话的人，他巧妙地把人们常说的"板上钉钉"与三科考试联系在一起，这样一来不仅平息了余小姐的怒气，还给了她积极的联想，使她在愉快的心境下参加考试并顺利通过。试想一下，假如你就是余小姐，你会不喜欢这位同事吗？这样会说话、会用巧妙的语言宽慰、鼓励他人的人，不论走到哪里都会受到别人的欢迎。

人与人之间进行思想交流和感情交流，最直接、最方便的途径就是语言。通过出色的语言表达，可以使相互熟知的人感情更深，可以使陌生的人产生好感、发展友谊；可以使有分歧的人相互理解、化解矛盾；也可以使相互仇视的人化干戈为玉帛。

刘复才为江夏县知事，为人极为机敏，常常在两方争执不下之际，他一两句话就为双方打了圆场。都督张之洞和抚军谭继洵平时意见就不太一

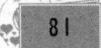

致。这天,刘复才设宴,二公及其他客人都在座。酒过三巡,诸位都有些醉意了。忽然,一位客人不知怎么谈到了武汉江面有多宽的问题。谭继洵说有五里三分宽,他的话音未落,张之洞就说道:"不对!我记得确实是七里三分宽。"

两人顿时争执起来,互不相让,旁边坐着的诸位客人劝说,也无济于事。大家一下子都不知道说什么好,只好任由他俩争执。

刘复才坐在末座,看见席间这番争执,感到不好继续争下去,搞得不欢而散可就糟了。他急中生智,徐徐举起手来,说道:"江面水涨,则宽七里三分。水落,则五里三分宽了。张公是就水涨时说的,谭公则是就水落时说的。两位先生都没有错。"

张之洞和谭继洵听到这话顿时哈哈大笑起来,席间顿时恢复了原有的轻松气氛。

旁座的客人也为刘复才的片语解围的机敏而折服。

就这样,刘复才用妙语巧打了圆场。在生活中,这种能说会道的"和事佬",能不受欢迎、能没有好人缘吗?

我们每一个人都想成为受欢迎的人,没有一个人认为受人讨厌是光荣的事。我们知道,如果一个人爱揭人隐私,爱争辩,爱使别人为难,爱自吹自擂,那么他很可能得不到别人的欢迎和喜爱。只要他一出场,人们就会躲得远远的,把他孤立起来。

我们在与别人说话的时候,始终保持一种好的心情,会赢得别人对你的好感。反之,以自命不凡的态度,说话装模作样、装腔作势,将会失去很多朋友。

世界上没有十全十美的人。随随便便说人家的短处,或揭别人的隐私,不仅有损于别人的声望,且足以表明你为人的卑鄙,自然是要被人拒之门外。如果你想成为受欢迎的人,千万不要做这种人。要是有人向你说别人的短处时,你唯一的办法就是一听了之,不要深信片面之词,更不可做传声筒。

日常的许多无谓的事情,往往容易引起争辩,然而这种争辩很容易使个人的形象受损。我们知道要用争辩压倒对方是不可能的,即使对方暂时表示屈服了,但肯定不是心悦诚服。好争辩的人,会损害别人的自尊心,因而使别人对你产生反感情绪，还容易习惯性地挑别人的缺点和不足，而忽视自身修养，更会变得骄傲自大、自以为是，还将失去很多朋友。说话时注意维护他人的自尊心，也可以使你变成受人欢迎的人。

同样，人们常常最有兴趣谈论自己的事情，在别人面前夸耀自己，其实这是很愚蠢的行为。它不仅不能引起别人的同感，还会令人觉得好笑。所以，你若想成为一个受欢迎的人，千万不要随便说及自己，更不可夸耀自己。你应当明白，个人的事业、行为在旁人看来是清清楚楚的，没有必要自己说出来。忘记你自己，而尽量引导别人多说他自己的事，并认真地去倾听，你一定会留给对方最佳的印象，成为一个最受欢迎的人。

做人感悟

拥有良好谈吐的人，到处受人欢迎。他们能使许多素不相识的人携起手来，成为朋友；他们能够为人们排忧解难，消除疑虑和误会；他们能够安慰愁苦烦闷的心灵，勇敢地面对现实；他们能够鼓励悲观厌世的人，微笑着迎接生活。会说话的人，言谈风趣幽默，旁征博引，滔滔不绝，谁听了都会觉得舒服。因此，要想拥有好人缘，你应该首先锤炼自己的口才。

好谈吐让你在社交中游刃有余

美国成功学大师卡耐基曾明确指出，事业的成功85%取决于一个人的交际能力，而口才则是衡量一个人交际能力的重要标准之一。一个人交际能力的高低，主要体现在说话的水平上。因为言为心声，舌战便是心战，语言能征服世界上最复杂的东西——人心。所以，口才在人际交往中具有极其重要的作用。拥有了好口才，你就能在社交中游刃有余。

1954年，在日内瓦召开了讨论和平解决朝鲜问题和恢复印度支那和平问题的重大国际会议。美国代表团团长、国务卿约翰·福斯特·杜勒斯是一个顽固派，推行敌视和不承认中华人民共和国的政策。他嘱咐美国代表团的成员，在会议厅或走廊上遇见中国人时不予理睬。日内瓦会议举行第一次全体会议之后不久，杜勒斯离开了日内瓦。美国代表团改由杜勒斯的助手沃尔特·比德尔·史密斯将军任团长。周恩来总理觉得美国代表团中并不是每个人对中国的态度都与杜勒斯一模一样，他决定直接同史密斯打交道。

有一次，周恩来走进酒吧间，看见史密斯在柜台前正往杯子里倒咖啡。他径直向史密斯走去，伸出自己的手。

史密斯猝不及防，不由一愣，但还是迅速做出了反应。他左手夹着一根雪茄，急急忙忙用右手端起咖啡，故意显示他的双手忙不过来。

尽管如此，周恩来总理已把坚冰打破了。二人进行了短暂的交谈。

不久之后，在举行最后一次全体会议的时候，周恩来正在会议休息室里与人谈话。史密斯走上前去向周恩来总理问好，还说总理的外交才能给他留下深刻的印象，他为能结识总理而感到高兴。

周恩来回答说："上次我们见面时，我不是首先向您伸出手吗？"

史密斯笑了。临走时，用肘碰了碰周总理的胳膊。——杜勒斯在日内瓦时，下过一道"不许同中国人握手"的禁令，史密斯不敢违抗，便以"肘"碰"胳膊"的变通方式表达了自己的问候。

在日内瓦会议期间，周恩来与美国代表团打破坚冰的尝试获得成功，为举行中美大使级会谈铺平了道路。周恩来卓越的交谈艺术在国际舞台上写下了精彩的一页。

在社交场合，语言是最简便、快捷、廉价的传递信息手段。一个说话得体、有礼貌的人总是受欢迎的。相反，一个说话张狂无理的人总是受人鄙视的。一个善于讲话的人，通过出色的语言表达，可以使人对他产生好感，可以与他人友好相处。而一个不善于表达的人，往往会因自己与他人的沟通得不到改善而成为一个孤独的人。

李然和周军是一对好朋友，两人经常在一起玩，互相之间说话也没什么顾忌，还经常开一些别人看来是"不正经"的玩笑。有一次，两人都应邀参加一位老同学的婚礼。李然一看见周军，又想逗乐了，说："老兄，你怎么不把'小蜜'带来呢？"

周军见场上人这么多，怕影响不好，又不想开玩笑，支支吾吾地说："你这是什么话，我哪有什么'小蜜'？"

李然哈哈笑道："我跟你是什么关系，你那点事还能瞒得过我？"

"你瞎编什么呀，我对我老婆忠心耿耿，怎么会找'小蜜'呢？"

"得了吧，背地里卿卿我我，潇洒得很，一到了人跟前，就这么不爽快，连承认都不敢。"

周军不敢应战，找个借口溜到一边去了。没想到，这事还没完，因为当时认识周军的人很多，听了李然的话，都以为周军真的找了情人，免不了有一番传说。一来二去，传到周军的妻子秦香耳里，秦香可不干了，要找周军算账。结果，两人打闹了大半年才把这个问题闹清楚。

像李然这样不顾场合地乱说话，不但破坏了他人的家庭和睦，而且会使自己在社交中举步维艰。

社交是一个很大的舞台，在这个舞台上，你如何才能挥洒自如、灵活应对呢？其中，一个不可忽视的也是最重要的条件，就是说话。在社交过程中，你该怎样开启你的嘴巴呢？

一、应先了解对方的一些精力情况和生活状况

在应酬当中，不同的人的思维方式迥然不同，他有他的想法，你有你的观点，交谈能否融洽则在于你话题的选择。假如你不了解他的情况，自己只顾一味地夸夸其谈，他肯定没有兴趣同你交谈；假如你知道他现在想要知道的，迫切需要了解的话题，同他促膝长谈，他肯定会津津有味地倾听你的述说的。

二、要常常保持中立，保持客观

按照经验，一个态度中立的人，常常可以争取更多的朋友。对事物要有衡量其种种价值的尺度，不要顽固地坚持某一个看法；如果有必要对事情保守秘密时，一个人不能保守秘密，会在很多事情上都出现过失。不要说得太多，想办法让别人来说。如要对人亲切、关心，应竭力去了解别人的背景和动机。

如果在交谈当中，不顾对方的心理变化，而一味地去将想法统统搬出来，那么，你是得不到他的认同的。一厢情愿地谈话往往会让对方厌恶。

不该说话的时候说了，是犯了急躁的毛病；该说话的时候却没有说，从而失掉了说话的时机；不看对方的态度便贸然开口，叫做闭着眼睛说瞎话。

在交谈过程中，双方的心理活动是呈渐变状态的，这就要求我们在和人交谈中应该兼顾对方的心理活动，使谈话的内容和听者的心境变化相适

应并同步进行，这样才能让交谈的意图明朗化，引起共鸣。

三、应该清楚对方的身份和性格特征

性格外向的人易于"喜怒形于色"，和他可以侃侃而谈；性格内向的人多半沉默寡言，对他则应注意委婉地循循善诱。不设身处地地替别人着想，只一味夸夸其谈，其结果必然是失掉了一个交谈对象。

做人感悟

社交场合的交谈不仅是一门技术，更是一门艺术。灵活巧妙的语言能够帮助你顺利打开人际交往的新局面。掌握了以上的交谈技巧，并将其成功地运用在社交场合，你便可以在社交中游刃有余。

通过得体的言谈举止拉近距离

有时候，人们以为言谈举止是一件微不足道的小事，认为它只是一个人在人际生活中很小的一个方面。殊不知，"不拘小节才是真性情，才是大丈夫"的论调已经不再适合这个时代。有句话说得好：细节决定成败。有时候，朋友、爱人、同事，甚至是陌生人，都是通过你的言谈举止来对你做出最初步也最感性化的评价的。因为当一个人对你的内在不太了解的时候，言谈举止，甚至服装外貌等一些外在的表现就成了他们判断你的唯一标准。人都是感性的动物，当他们用理性在最初的接触中无法做出正确的判断时，他们宁愿相信自己的眼睛和耳朵，根据他们所看到的，所感受到的，来对陌生人做出评价。就像在生活中，你会选择坐在一位西服革履、举止得体的男士面前，而会刻意避开那些衣衫褴褛、满口脏话的人。即使你并不认识他们，但你的感性在第一时间帮你做出了选择，你选择相信那位看上去比较绅士的男人。

与人相处，信任是最基本的前提，只有当彼此的沟通和交往建立在信任的基础上时，彼此才有可能彻底放开心怀，团结一致，共同协作，才能进一步获得双赢。如何才能得到他人的信任呢？难道一定要有过人的实力

或者与众不同的才能吗？不一定。其实有时候，要获得他人的信任很简单。只要有心，时时注意自己的言行举止，为人处世，相信你可以很快得到别人的信任。

天王巨星刘德华就用他的亲身经历为我们上了生动的一课。

在刘德华没有成名之前，只有机会演出一些跑龙套的小角色，并没有引起观众的注意。但他平日谦逊有礼、谈吐得体的作风却让一些与他合作过的大牌演员和导演十分欣赏。曾经有一位前辈给过他这样的评价：说话真挚诚恳，做事有条不紊，这样一个勤奋而又用心的小子，将来一定大有作为，一定会成长为娱乐圈的一颗巨星。是什么让前辈对他有如此高的评价呢？除了拥有俊朗的外表，他更被看中的是得体的言谈举止。他最后也终于凭借出色的言行博得了众人的信任，从而获得了一个难得的发展良机。

在导演许鞍华筹备拍摄《投奔怒海》时，最初选定周润发作为该片的主演，但因为害怕失去台湾市场，周润发拒绝了。可拒绝的同时，周润发为许鞍华导演推荐了曾经在他戏里担任过打手的刘德华。当时负责选演员的是制片人夏梦，在被周润发拒绝之后，她立即去见许鞍华，正赶上林子祥和缪骞人也都在场。

林子祥说："前段时候，我拍《夜来香》MTV的时候，有个跑龙套的小伙子外形很不错。也许你可以考虑一下看看。"

许鞍华立即问道："那他为人怎么样？"

"别的我不太清楚，但是他很用功，而且行为举止很大方得体，说话也很有分寸，可以看得出，以后一定不会是个小角色。"

但当许鞍华问到他的名字时，林子祥却答不出来了，只知道他是无线艺训班刚毕业不久的学员。许鞍华只好让夏梦负责打听此人。让人出乎意料的是，当夏梦向摄影师钟志文打听此人的时候，钟志文却对她说："你也别打听了，我给你推荐一个人吧，他叫刘德华。"

又是刘德华，摄影师的意见竟然和周润发不谋而合，夏梦当即决定要见一见这个人。事后在两人见面的谈话中，听了夏梦的描述，刘德华不禁笑着说，林子祥先生说的那个人，也是我。什么！竟然会有3个演艺圈的名人同时推荐这个初出茅庐的小子。夏梦当即决定，《投奔怒海》的主角，就启用刘德华。

对于当时的刘德华来说，那时他不过是一个刚刚毕业的新人。恐怕他自己都没有想过，他在平日与人交往时注意言谈举止的做法，竟然给他的事业带来这样大的一个契机。

最后，《投奔怒海》获得当年香港金像奖最受欢迎的十大影片之一，刘德华一举成名，为他日后的发展打开了一个全新的局面。

从刘德华的起步经历我们可以看出，实力固然重要，但得体出色的言谈举止就好像一封介绍信，让你在获得他人的欣赏之后，得到他人的信任，而只有得到他人的信任，取得共同合作的机会之后，你才有可能展现出你的实力，让别人更加确信，他们相信你是正确的选择。刘德华就是凭借自己出色的言谈举止，得到了这样一个可遇不可求的机会，从而为他的演艺道路推开了一扇通往成功的大门，也在他的事业道路上迈出了坚定的一步。

同样的道理，也适用于同事之间的交往，与老板、客户之间的交往等人际环境之中。因为大方得体的言谈举止，可以树立起同事对你的尊重，让他们相信，你是一个有能力的人，你完全有能力处理周遭的各种麻烦事，可以成为他们有力的保障；卑亢有度的言谈举止，可以建立起老板对你的信任，让他们相信，你值得去担任更加重要的职位，你可以完成得更好、更出色；热情有度的言谈举止，可以提高客户对你的信赖度，让他们相信，只有你才能做好他们的项目，你是他们心目中最完美的人选。

做人感悟

<u>有句老话说得好：社会是人的社会，人是社会中的人。光建立起别人对你的信任是远远不够的，还要学会拉近彼此的距离，让彼此成为朋友。</u>

说话要懂得察言观色

说话要懂得察言观色，掌握好尺度，做到当进则进、当退则退。要想拥有良好人际关系，达到良好的交际效果，实现交际的目的，你就应该学会察言观色，并根据交际对象的反应做出有效的反应，说恰如其分的话。

古往今来，无论君子还是小人，没有人不喜欢听好话。有时，当事人十分懊恼或不快的时候，只要旁边有人说上几句美言，他的懊恼或不快就烟消云散了。

一次，解缙与朱元璋在金水河钓鱼，整整一个上午一无所获。朱元璋十分懊丧，便命解缙写诗记之。没钓到鱼已是够扫兴了，这诗怎么写？解缙不愧为才子，稍加思索，立刻信口念道："数尺纶丝入水中，金钩抛去永无踪，凡鱼不敢朝天子，万岁君王只钓龙。"朱元璋一听，龙颜大悦。

还有南朝宋文帝在天泉池钓鱼，垂钓半天没有任何收获，心中不免惆怅。王景见状便说："这实在是因为钓鱼人太清廉了，所以钓不着贪图诱饵的鱼。"一句话说得宋文帝拿起空杆高兴地回宫了。

相反唐朝的孟浩然，早年即显示出超人的才华，且名传京师，也很想到政坛上去一层身手。却因为一时不慎，将话说错，而导致一生不第。他与王维友好，王维在内置值班时约孟浩然入内闲谈，恰遇玄宗驾临。玄宗久闻浩然之名，当下便让浩然朗诵自己的诗作。不料，诗中有"不才明主弃"，一句，惹怒了玄宗。

玄宗以为孟浩然是在讽刺他不分贤愚，埋没人才，孟浩然不但没得到什么官做，还惹怒了龙颜。孟浩然是个明白人，他知道这一下仕途更加无望了。"当路谁想假，知音世所稀，只应守寂寞，还掩故园扉。"于是告别友人，离开长安回到故乡过起了隐居生活。此后，孟浩然由儒而道，在山水田园诗作中倾诉痛苦，消磨时光，抒发"且乐杯中物，谁论世上名"的感叹去了。坦然地放弃仕途上的功名利禄，而选择寂寞平静，保全了一世美名。

俗话说："出门观天色，进门看脸色。"观天色，可以由天色推知阴晴雨雪，以便携带雨具，免受日晒雨淋。看脸色，就可以由交际对象的面部表情得知对方的情绪。

在生活中，以下的情况很常见：

妻子在单位生了气，虽然尽量克制，回家后仍然不太高兴。丈夫却并没有注意到妻子的脸色和平常不一样。结果，当他和妻子谈到一件事情而意见不一致时，没说几句话，两人就吵了起来⋯⋯

孩子没有犯错，但在学校挨了批评，装了一肚子气，闷闷不乐地回到

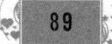

家里。父亲看到他垂头丧气的样子,也不问发生了什么事,张口就开始教育:"瞧你无精打采的样子,像个什么?我像你这么大的时候……"孩子越听越烦,觉得脑袋都要爆炸了。于是,连他自己也说不清是为什么,把书包往地上一摔,大喊一声:"烦死人了!"父亲一看孩子这样顶撞大人这还得了,于是一巴掌打过去,孩子哭着跑开了……

假如丈夫善于察言观色,能够发现妻子的脸色与平常不同,做到体贴谦让,不和妻子争论问题,妻子一定会对丈夫的关心心怀感激,说不定会主动把当天的不快向丈夫倾诉,也在无形之中拉近了两个人的心。

假如父亲善于察言观色,发现孩子表情与以往不同,采用安抚疼爱的方法,细心开导,不仅不会把孩子打跑而致使父子关系恶化,还会给予孩子以心灵的抚慰,加深父子感情。

有位记者去某足球队采访,一进门,发现休息室气氛沉闷,教练铁青着脸,双眼圆睁。队员们耷拉着脑袋,垂头丧气。他赶紧退了出去,取消了这次采访。后来,他打听到,球队刚刚在比赛中吃了败仗,正在怄气。如果当时他不看对方的脸色、不识趣地硬去采访,一定是不会有什么收获,说不定还会挨骂。

看来这位记者很懂得察言观色。常言道:"人好水也甜,花好月也圆。"人在高兴时,心情舒畅,看见高楼大厦,会想到"凝固的音乐";看见车水马龙,会想到"滚动的音乐"。人在情绪好的时候,容易体谅人,乐于礼让、关心和帮助他人,也愿意与人聊天,接受别人的邀请。正所谓"人逢喜事精神爽"。而当人在心情郁闷、烦恼的时候,即使听到"田园交响曲"也会觉得那是噪音。

那么,要想达到说话的目的,我们就应该学会察言观色,根据对方的情绪、心情来决定是否跟对方攀谈。

一是在对方情绪高涨时说。人的情绪有高潮期,也有低潮期。当人的情绪处于低潮时,人的思维就显现出封闭状态,心理具有逆反性。这时,即使是最要好的朋友赞颂他,他也可能不予理睬,更何况是求他办事。而当人的情绪高涨时,其思维和心理状态与处于低潮期正好相反,此时,他比以往任何时候都心情愉快,说话和颜悦色,内心宽宏大量,能接受别人对他的求助,能原谅一般人的过错;也不过于计较对方的言辞,同时,待人也比较温和、谦虚，能程度不同地听进一些对方的意见。因此，在对方情绪高涨时，正是我们与其谈话的好机会，切莫坐失良机。

二是在对方喜事临门时说。所谓喜事临门时，是指令人高兴、愉快、振奋的事情降临于对方时。如：对方在职位上晋升时；在科研上攻克难关、取得重大成果时；工作中成绩突出，受到奖励时；经济上得到收益时；找到称心伴侣、婚嫁或远方亲人来探望时等。常言道："人逢喜事精神爽"、"精神愉快好办事"。

在喜事降临对方时，我们上门找其交谈，对方会不计前嫌，而且会认为是对他成绩的肯定、喜事的祝贺、人格的敬重，从而也就乐意接受或欢迎你的到来，所求之事，多半会给你一个圆满的答复。

有位心理学家曾经说过："在世界的知识中，最需要学习的就是如何洞察他人。"我们如果能在交际中察言观色，随机应变，就能取得良好的交际效果。

比如说，当我们去拜访一个人，不但应该做到全神贯注地与主人交谈，与此同时，还应该敏锐地感知一些意料之外的信息，并且恰当地加以处理。

如果主人跟你说话的时候，眼睛却往别处看，这表明刚才你的来访打断了什么重要的事，主人心里正惦记着这件事，虽然他接待了你，谈话时却是心不在焉的。

这时，你最明智的做法就是就此打住，跟主人告辞："您一定很忙。我就不打扰了，过一两天我再来听回音吧！"这样，主人心里对你既有感激，也有内疚："因为自己的事，没好好接待人家。"这样，他会努力地完成你的托付，以此来补偿你。

如果在交谈的过程中，突然响起门铃、电话铃，这时你应该主动中止交谈，请主人接待来人或接听电话，不能听而不闻、滔滔不绝地说下去而使主人为难。

做人感悟

在与人交际的过程中，学会了察言观色，留意对方的表情，揣摩对方的心情，该进时则进，该退时则退，这样就能达到交际的效果。否则，就有可能因为说话失误而惹出麻烦。

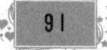

学会说"应变"的话

在日常生活中，危险常常不期而至。而在紧要关头，说随机应变的话，就是要求你不拘泥于固定的模式，根据现场的情况迅速地做出恰当得体的反应，说"应变"的话，就能转危为安，维护自身的安全和利益。

春秋时期，有一次秦兵企图偷袭郑国，大军已开到离郑国不远的地区，而郑国还蒙在鼓里。这时，郑国一个名叫弦高的牛贩子得知这个消息后急中生智，他一面派人星夜赶到郑国国君那里报信，一面又装扮成郑国的使臣，挑选几十头肥牛，乘着一辆车，迎着秦兵而去。当与秦兵将领相遇后，弦高便自称是受郑国国君之命，备了点薄礼来慰劳秦军。并称国君正厉兵秣马，训练军队。秦军将领一听大吃一惊，以为郑国早有了准备，便改变计划班师回朝了。

这个故事告诉我们，在社会活动中，可能要经常面临变幻不定的客观现实。在迅速变化的形势面前，要以不变应万变才行，只会循规蹈矩，是不会成为成功者的。

一天，卓别林带着一大笔款子，骑车驶往乡间别墅。半路上突然遇到一个持枪抢劫的强盗，用枪顶着他，逼他交出钱来。

卓别林满口答应，只是恳求他："朋友，请帮个小忙，在我的帽子上打两枪，我回去好向主人交代。"强盗摘下卓别林的帽子打了两枪，卓别林说："谢谢，不过请再向我的衣襟打两个洞吧。"强盗不耐烦地扯起卓别林的衣襟打了几枪。卓别林鞠了一躬，央求道："太感谢您了，干脆劳驾将我的裤脚打几枪。这样就更逼真了，主人不会不相信的。"

强盗一边骂着，一边对着卓别林的裤脚连扣了几下扳机，但不见枪响，原来子弹打完了。卓别林一见，连忙拿上钱袋，跳上车子飞也似的跑走了。

这是一个突发性事件，任何人都无法估计它什么时候降临，任何人也无法预先做好应变的准备。所以随机应变，怎样根据眼前环境状况采取不同的策略，是一个人应变能力与分析能力的直接体现。例如：

有一天，玛丽小姐正在屋里休息，忽然听到门外有声。她打开门，却见一个持刀的男人正杀气腾腾，恶狠狠地看着自己。

是入室抢劫？是杀人逃犯？

玛丽不禁倒吸了一口凉气，心里打了一个冷战。她灵机一动，迅速恢复平静，微笑着说："朋友，你真会开玩笑！是卖菜刀吧？我喜欢，我要买一把……"边说边让男人进屋，接着说："你很像我过去的一位好心的邻居，看到你真高兴，你是喝咖啡还是茶……"本来满脸杀气的歹徒，渐渐腼腆起来。

他有点结巴地说："谢谢，哦，谢谢！"

最后，玛丽真的"买"下了那把明晃晃的菜刀，陌生男人拿着钱迟疑了一会儿真走了，在转身离开的时候，他说："小姐，你会改变我的一生！"

读罢这则情节起伏、动人魂魄、有惊无险的小故事，我们不仅钦佩玛丽小姐化险为夷的过人智慧，更被她那能融化世界的爱心所折服。不是吗？一场即将发生的灾难，转眼间被玛丽小姐以机智和爱心挽回了，她不但挽救了自己，也挽救并改变了这个未遂的杀人犯。这件事看起来悄无声息，回味起来则是惊心动魄。因为这两位主人公的人生在这片刻之间完成了一次由魔鬼到圣贤的净化与转折，也在各自的生命驿站中立下了一块里程碑。

俗话说"到啥时候说啥话"，危难关头，反正是武大郎服毒——喝也死，不喝也亡，怕又有什么用呢？

当袁世凯窃取了中华民国临时大总统权力后，每天都在做着皇帝梦。有一天竟在白天进入梦中，一位侍婢正好端来参汤，准备供袁世凯醒后进补，谁知不慎将玉碗打翻在地。婢女自知大祸临头，吓得脸色苍白、浑身打战。因为这只玉碗是袁世凯在朝鲜王宫获得的"心头肉"，过去连太后老佛爷也不愿用来孝敬，现在化为碎片，这是杀身之祸，死罪是无论如何也逃不脱的了。正当她惶惶推思之时，袁世凯醒了，他一看见玉碗被打得粉碎气得脸色发紫，大吼道："今天俺非要你的命不可！"

这时，侍婢已冷静下来，她想反正是福不是祸，是祸躲不过。情急之下突然想到袁世凯总想当皇帝，我何不如此这般……于是，她连忙哭诉着："不是小人之过，有下情不敢上达。"

袁骂道："有什么话，快说。"

侍婢道："小人端参汤进来，看见床上躺的不是大总统。"

"混账东西!床上不是俺,能是啥?"

侍婢下跪道:"我说。床上……床上……床上躺着的是一条五爪大金龙!"

袁世凯一听,以为自己是真龙转世,要登上梦寐以求的皇帝宝座了,顿时一股喜流从心中涌起,怒气全消了,情不自禁地拿出一叠钞票为婢女压惊。

婢女在生死存亡关头,通过一句恭维妙语,不仅免了杀身之罪,还得了对方的奖赏。

可见,随机应变的能力对一个人来说是多么重要。

做人感悟

当一个人身处险境的时候,切不可心慌意乱,自乱阵脚,而应该根据不同的环境、不同的对手、不同的时间,采取不同的策略,这样才能确保在危机中化险为夷、转危为安。

善用比喻讲道理

比喻是一种常见的说话技巧。善于比喻,可以使复杂的问题变得简单,可以使抽象的问题变得具体,可以使枯燥乏味的问题变得生动有趣。

很多大师级的人物都是善于利用事物来比喻道理的高手。他们的比喻往往通俗易懂,思想深刻,令人折服。

中国历史上伟大的思想家庄子也是一位"善喻高手"。他总是能够通过巧妙的比喻表达出自己深刻的思想内涵,让听者有酣畅淋漓之感,让人不由得折服不已。

一天,庄子正在涡水垂钓。楚王派了两位大夫前来聘请他。见面后他们对庄子说:"我们大王久闻先生贤名,欲以国事相累。深望先生欣然出山,上以为君王分忧,下以为黎民谋福。"庄子持竿不顾,淡然说道:"我听说楚国有一只神龟,被杀死时已经有三千岁。楚王把它珍藏在竹箱里,盖上了锦缎,供奉在庙堂之上。请问二位大夫,此龟是宁愿死后留骨而贵,还是宁愿生时在泥水中潜行曳尾呢?"二大夫道:"自然是愿活着在泥水中曳尾而行啦。"庄子说:"那么,二位大夫请回去吧!我也愿在泥水中曳尾而行。"

一天,庄子身着粗布补丁衣服,脚穿草绳系住的破鞋,去拜访魏王。魏王见了他便问道:"先生怎么会如此潦倒呢?"庄子说:"是贫穷,不是潦倒。士有道德而不能体现,才是潦倒;衣破鞋烂,是贫穷,不是潦倒,此所谓生不逢时也!大王您难道没见过那腾跃的猿猴吗?如果在高大的楠木、樟树上,它们就会攀缘其枝而往来其上,逍遥自在,即使善射的后羿、蓬蒙再世,也无可奈何。可要是在荆棘丛中,它们则只能危行侧视,怵惧而过了,这并非其筋骨变得僵硬不柔灵了,而是处势不便,未足以逞其能而已,现在我处在昏君乱相之间而欲不潦倒,怎么可能呢?"

在日常生活中,运用似乎与本体事物风马牛不相及的类比物形成的奇妙比喻能使听众有新奇的感觉。我们不妨认真读读下面这两则故事,品味一下其中的妙处。

法学家王宠惠在伦敦时,有一次参加外交界的宴席。席间有位英国贵妇人问王宠惠:"听说贵国的男女都是凭媒妁之言,双方没经过恋爱就结成夫妻,那多不对劲啊!像我们,都是经过长期的恋爱,彼此有深刻的了解后才结婚,这样多么美满!"

王宠惠笑着回答:"这好比两壶水,我们的一壶是冷水,放在炉子上逐渐热起来,到后来沸腾了,所以中国夫妻间的感情,起初很冷淡,而后慢慢就好起来,因此很少有离婚事件。而你们就像一壶沸腾的水,结婚后就逐渐冷却下来,听说英国的离婚案件比较多,莫非就是这个原因吗?"

在纽约国际笔会第48届年会上,有人问中国著名作家陆文夫对性文学是怎么看的。

陆文夫不失幽默地答道:"西方朋友接受一盒礼品时,往往当着别人的面就打开来看。而中国人恰恰相反,一般都要等客人离开以后才打开盒子。"与会者发出会心的笑声,接着是雷鸣般的掌声。

做人感悟

在讲道理的过程中,巧妙地使用比喻,不仅能够更加生动鲜明地将复杂、抽象的道理说清楚,让对方心悦诚服,还会给人以新奇的感觉,使我们的谈吐增色不少。

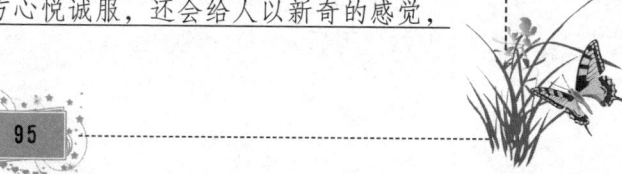

用严谨的语言逻辑说服人

要想成功说服别人，你需要通过摆事实、讲道理对你自己的观点进行论证。而你的论证是否有力，很大程度上取决于你的语言的逻辑性。一般来说，善于讲道理的人，常常会利用语言逻辑的力量，用严谨的语言逻辑让对方无力辩驳，接受自己的观点和意见。

中国历史上儒家学派的大宗师、有"亚圣"之称的孟子，就是利用逻辑语言讲道理的佼佼者。

历史上，孟子以善辩著称，是一位有名的雄辩家。他说话逻辑性非常强，善于利用逻辑性的语言，配合人们非常容易理解的自然规律，通过类比，指出问题的关键所在，或委婉地批评对方，或含蓄地提醒别人，或通俗易懂地提供解决问题的参考答案。

孟子的弟子公都子对他说："大家都认为夫子您爱好辩论。"孟子回答说："难道我真的很喜欢辩论吗？我是迫不得已呀！"孟子是为了推行自己的政治主张，对付那班见利忘义、嗜杀不仁的统治者，才会通过自己的智慧、运用语言的逻辑威力，施展自己的辩才的。

孟子问齐宣王："如果大王您有一个臣子把妻子儿女托付给他的朋友照顾，自己出游楚国去了。等他回来的时候，他的妻子儿女却在挨饿受冻。对待这样的朋友，应该怎么办呢？"齐宣王回："跟他绝交！"孟子又问："如果您的司法官不能管理他的下属，那又该怎么办呢？"齐宣王说："撤了他的职！"孟子又问："要是一个国家被治理得非常糟糕，那又该怎么办呢？"齐宣王语塞，顾左右而言他。

孟子采用层层推进的逻辑方法，从生活中的事情入手，推论到中层干部的行为，再推论到高级领导人的身上。如此，令齐宣王毫无退路，非常尴尬，只能"顾左右而言他"了。其实，孟子还暗示齐宣王，就像把妻儿托付给朋友一样，国家是人民交托给君王的。

下面的一段孟子与他的论敌告子的对话，其中的逻辑性语言的智慧，也非常值得后人学习和领悟。

告子认为:"人性就跟那急流的水似的,缺口在东面就会向东面流,缺口在西方则会向西方流。人性并没有所谓的善与不善,就跟水无所谓向东流向西流一样。"

孟子说:"水的确无所谓向东流向西流,然而,也无所谓向上流向下流吗?人性向善,就像水往低处流一样。人性没有不善良的,水没有不向低处流的。不过,我们不能否认,当水受到拍打而飞溅起来时,它可以高过额头;当水被加压迫使它倒行时,它能流上山岗。这难道是水的本性吗?只不过是形势所迫而已。人可以被迫去做坏事,人本性的改变也跟这个道理很类似。"

孟子随口接过论敌的论据而加以发挥,对方用水作为比喻,他也跟着以水为喻。这跟我们格斗时一样,你想用刀咱就用刀,你要用枪咱也用枪。关键在于,孟子通过自己强大的语言逻辑性,有理有据地进行反驳,论辩的语言极为有力,一句"水也无所谓向上流向下流"便把论敌难倒了。

在他的那个时代,孟子在与墨家、道家、法家等学派的激烈交锋中,利用自己强大的语言实力,很好地维护了儒家学派的理论,也确立了自己在儒学中的重要地位,后来成为仅次于孔子的正宗大儒。

在生活中,逻辑高手甚至能够利用逻辑的力量赢得自己"心上人"的芳心。

在美国的普林斯顿大学,有一个男生深深地爱上了一个美丽聪慧的女孩,但是,他一直不知道应该如何向她表达,因为他总是害怕她会拒绝自己。一天,他终于想到了一个追求女孩的好方法,于是,他鼓起勇气,向正在公园里读书的女孩走去。

他对女孩说:"你好,我在这张纸条上写了一句关于你的话,如果你觉得我写的是事实的话,那就麻烦你送我一张你的照片好吗?"女孩的第一反应是:这又是一个找借口想追求自己的男生!这种男生,她实在见得太多了,但聪明的她总能顺利摆脱男孩的纠缠。面对这个男孩,她很有自信:"无论他写什么,我都说不是事实,这样不就得了吗?"于是,女孩欣然答应了男孩的请求。

"如果我说的不是事实,你千万不要把照片送给我!"男孩急忙说:"那当然!"

于是，男孩把那张纸条递给了女孩。女孩胸有成竹地打开了纸条。但她很快就皱起了眉头，因为她绞尽脑汁也想不出拒绝男孩的方法，只好把自己的玉照送到了男孩手中。

那么，那个聪明的男孩究竟在纸条上写了什么呢？其实，他写的只不过是一句非常简单的话："你不会吻我，也不想把你的照片送给我。"如果女孩承认这句话是事实，那么她就得把照片送给男孩；如果她否认这句话是事实，也就是说，她会吻她，也想把她的照片给他。总之，不管怎样，女孩都得把自己的照片送给这个男孩。

男孩正是利用了这个逻辑，使女孩处于两难的推理中：要么否定自己原来的观点，要么否定自己眼前的事实。既然事实是无法否定的，那么女孩就只能改变自己原来的观点了。

这个聪明的男孩名叫罗纳德·斯穆里安，后来，他成了美国著名的逻辑学家，而那个女孩，在日后顺理成章地成了他的妻子。

做人感悟

在讲道理的时候，充分利用语言逻辑的力量，不仅能达到说服对方的目的，还能充分展示你的才华和谈吐的魅力。

妙用激将法，打动人心

激将法，主要是通过说贬低的语言来刺激对方，让对方进入情绪激动、失控的状态，然后使对方在无意识中被说服。说到底，人是感情的动物，所以在人际交往中，必须想方设法调动感情的力量，来激发人的积极性，调动其热情和干劲儿。激将法就是一种很好的说服策略。

208年，曹操亲率二十多万大军南征。江东的孙权摇摆在抗曹与降曹两种选择之间。经过鲁肃的建议，孙权有意联合刘备对付曹操；这时诸葛亮也与刘备商量联孙抗曹，他在分析了江东当时的处境和可能出现的对策之后，料定孙权方面会派人前来试探。果然，鲁肃跟踪来到，从而成为诸葛亮开展一场出色外交谈判的起点。

很快，诸葛亮与孙权直接会谈。他看到孙权"碧眼紫髯，堂堂仪表"，立即判断对手有很强的自尊，"只有激，不可说"。对待这位江东的最高权威人物，诸葛亮对准他当时在战与降之间举棋不定的矛盾心态，不但把曹操的实力格外加码地描述了一番，而且一点也不委婉地建议他如果不能早下抗曹决心，不如干脆投降。孙权不甘屈辱，立即回敬一句："诚如君言，刘豫州何不降曹？"于是诸葛亮抓住这个话茬，毫不犹豫地抛出一枚令对方难以承受的重磅炸弹："昔田横，齐之壮士耳，犹守义不辱。况刘豫州王室之胄，英才盖世，众士仰慕。——事之不济，此乃天也，又安能屈处人下乎！"这枚炸弹既是对孙权的强大刺激，也是对孙权的有力鞭策，当然还是刘备一方对抗曹的坚定表态。此时，被触犯了尊严的孙权"不觉勃然变色，拂衣而起，退入后堂"。

一个平庸的谈判家很难有如此的胆识，因为这要冒造成整个谈判夭折和失败的危险，给自己一方带来严重的损害。但是，诸葛亮绝不是徒逞一时口舌之快而意气用事的人，他之所以敢于这样做，完全是肯定了孙权绝不肯轻易降曹的缘故。应该说，诸葛亮对这种"破坏性的试验"还是心中有底的，正如他后来用《铜雀台赋》激怒周瑜一样，都取得了别人意想不到的正面效果。

在鲁肃的斡旋下，诸葛亮与孙权的谈判迅速恢复，并且很快实现妥协，事实证明了这枚重磅炸弹的有效威力。十分清楚，诸葛亮是怀着破釜沉舟的心情向孙权展开强大攻势的，这完全符合当时形势对双方的要求。

在最精彩也是最关键的最后与周瑜的一场谈判中，诸葛亮善于拨弄对手弱点的战术发挥到了极致。周瑜是对孙权决策影响最大的人物，一旦抗曹开始，他必然也是主帅，诸葛亮必须调动起他的强烈抗曹愿望。于是异想天开地利用曹植《铜雀台赋》中"揽"二乔"于东南兮，乐朝夕之与共"的句子，诳称曹操有染指孙策遗孀大乔和周瑜妻子小乔的念头。这不啻在周瑜最敏感的部位砍了一刀。把一个故作深沉、正得意扬扬地对诸葛亮大演其戏的周郎刺得顷刻之间离座而起，将自己与曹操势不两立的意愿和盘托出。诸葛亮就此圆满完成了出使江东的重要使命。

激将式，通常是从反面刺激对方以达到正面激励的效果，从而接受建议的方法。有时由于种种原因，有的人正面鼓动难以奏效，就不妨有意识地运用反面刺激方法，直接贬抑对方，以激起正面心理冲动，不自觉地接受说明。

某公司进行人事制度改革，公开招聘中层干部，大伙儿希望年轻有为的大学生小赵揭榜应聘。可是小赵瞻前顾后，犹豫不决，大伙儿一时也不知如何说服他。这时，一位同事便采取激将法，这样说："小赵啊，你可是个大学生，学了一肚子玩意儿，却连个部门的担子都不敢挑，真是个窝囊废！""我是窝囊废？！"小赵一急之下，当场揭榜应招。从心理学角度看，反面激将运用的是人的心理代偿功能，从反面进行说服有助于激励人们产生超越自我的好胜心理。

在日常生活中，人的行为不仅受理智的支配，也同样受感情的驱使，激将就是要用话使别人放弃理智，凭一时的感情冲动去行事。所以，激将最适合在那些经验较少，容易感情用事的对象身上使用。

某橡胶厂（甲方）进口了一整套价值200万元现代化胶鞋生产设备，由于原料与技术力量跟不上，搁置了4年无法使用。后来，新任厂长决定将这套生产设备转卖给另一家橡胶厂（乙方）。

正式谈判前，甲方了解到乙方两个重要情况：一是该厂经济实力雄厚，但基本上都投入了再生产，要马上腾挪200万元添置设备困难很大；二是该厂厂长年轻好胜，几乎在任何情况下都不甘示弱，甚至经常以拿破仑自诩。

对对方的情况有所了解后，甲方厂长决定亲自与乙方厂长进行谈判。

甲方厂长："昨天在贵厂转了一整天，详细了解了贵厂的生产情况。你们的管理水平确实令人信服。你年轻有为，能力非凡，真让我钦佩。"

乙方厂长："哪里哪里，老兄过奖了！我年轻无知，恳切希望得到老兄的指教！"

甲方厂长："我向来不会奉承人，实事求是嘛。贵厂今天办得好，我就说好；明天办得不好，我就会说不好。"

乙方厂长："老兄对我厂的设备印象如何？不是说打算把你们进口的那套现代化胶鞋生产设备卖给我们吗？"

甲方厂长："贵厂现有生产设备，在国内看是可以的，至少三五年内不会有什么大的问题。关于转卖设备之事，只是有两个疑问：第一不知贵厂是否有经济实力购买这样的设备；第二，即使有能力购买，贵厂也未必有能力招聘到管理、操作这套设备的技术力量。"

乙方厂长听到这些，觉得受到了甲方厂长的轻视，十分不悦。于是，他用炫耀的口气向甲方厂长介绍了本厂的经济实力和技术力量，表明本厂有能力购进并操作管理这套价值200万元的设备。经过一番周旋，甲方成功地将闲置了4年的设备转卖给了乙方。

使用"激将法"说服他人，要掌握以下两个原则：

一、要看准对象

激将法有一定的适用范围，一般来说，适用于那些社会经验不太丰富，且容易感情用事的人身上。对于那些老谋深算、办事稳重、富于理智的人，激将法是难以发挥作用的。

同时，激将法也不宜用于那些做事谨小慎微、自卑感强、性格内向的人。因为语言过于刺激，会被他们误认为是对他们的挖苦、嘲笑，并极可能导致怨恨心理。所以，选择好对象是激将法成功的第一要义。

二、要讲究分寸

激将法要讲究使用语言的分寸。激发起对方的情感不是目的，使对方的反应掌握在我们手中才算有效。锋芒太露和过于刻薄的语言，容易使对方形成对抗心理；而语言无力，不痛不痒，则又难让对方的情感产生震撼。

做人感悟

使用激将法时，一定要注意把握语言的分寸，既要防止过度，又要避免不及。

幽默的谈吐是人际交往的润滑剂

在人际交往中，幽默是不可缺少的。幽默是人们在社交场合中所穿的"最漂亮的服饰"。幽默使人更具有亲和力，让别人更愿意接近你、更愿意与你谈话和交往，从而使你更受别人的欢迎。幽默的谈吐如同润滑剂，可有效地降低人际交往中的"摩擦系数"，化解冲突和矛盾，消除尴尬，使我们从容地摆脱沟通中可能遇到的困境。

在社交中，相比没有幽默感的人，谈吐幽默的人往往更容易取胜。在交际场合，幽默的语言极易迅速打开交际局面，使气氛轻松、活跃、融洽。幽默的话语可以消除初次见面的尴尬，可以使紧张不安的心情松弛下来，可以赢得陌生人的好感，使彼此之间更快地熟悉起来。

抗战胜利后，著名的国画大师张大千准备从上海返回四川老家。临行前，他的学生设宴给他饯行。这次宴会还邀请了梅兰芳等社会名流。宴会一开始，张大千先生端起酒杯对梅兰芳说："梅先生，你是君子，我是小人，我先敬你一杯。"梅兰芳恍然，忙含笑问："此话怎讲。"张大千笑着回答："你是君子——动口，我是小人——动手。"话一出口，满堂的宾客全都为之大笑。

张大千巧解"君子"和"小人"，不但还营造了轻松和谐的气氛，同时还表现出了自己豁达开朗的个性。

幽默在日常生活中起着点缀、调和、调节的作用，是人际关系的润滑剂。幽默可以缓和紧张的气氛，松弛紧张的情绪，避免许多不必要的冲突。

在一辆装满乘客的公共汽车上，大家像沙丁鱼罐头一样，挤在摇摇晃晃的车厢里。由于天气很热，一些人手里拿着各种冷食在吃着。

这时，一位吃冰激凌的青年，用嘴一咬，只听"吱唧"一声，那冰激凌汁喷射出来，正好溅到旁边一位青年的鼻子上。

一瞬间，大家认为争吵将马上开始。被溅到冰激凌那位青年的女友，一边掏出手帕给他擦脸，一边狠狠地瞪着那个吃冰激凌的人。

不料，她的男友却笑着说："你等一下，先别擦，他还没有吃完，可能还会飞溅过来的。"

他的话很有节制，也很幽默，旁边的许多人都笑出声来。那位惹祸的青年也尴尬地笑起来，并再三道歉。

当这个幽默的小伙子和其女友下车时，全车的人都投去敬佩的目光。

吃冰激凌的青年无意中把汁水溅到别人身上，他是无害人恶意的，但客观上他却使别人受到了小小的损害，这对一个正派人来说，心理上定有几分负疚感。这时候，如果被害者再加以谴责，显然是不英明的举动。

这个被溅了冰激凌汁的男青年，没有这样做，他仅仅是说了一句玩笑话，立刻使一触即发的紧张局面得到缓和，化敌意为友好，表现出很高的修养。

其实，政治家们也常常利用幽默这个润滑剂来化解不期而至的尴尬。

美国前总统里根就是一个极富幽默感的人，他自己曾经这样说："在生活中，幽默促进人体健康；在政治上，幽默有利于自己的形象和得分。"里根总统说的这番话确实不无道理，他自己就有许多以幽默解脱尴尬的事例。

里根总统第一次访问加拿大的时候，有一天，他正在某地举行演说，可是，很多举行反美示威的人群不断高呼反美口号，使他的演说不得不时时中断。

陪同他的加拿大总理皮埃尔·特鲁多见此情景，觉得示威的人群对这位美国总统太不尊重，感到很难为情，眉头紧皱。可是，面对如此难堪的场面，里根总统仍然是一脸的轻松。

他满面笑容地说："这种事情在美国时有发生。我想这些人一定是特意从美国来到贵国的，他们想使我有一种宾至如归的感觉。"

紧皱双眉的特鲁多听了这话疑虑顿消，也跟着开怀地笑了起来。

看起来，遇到尴尬场面时，先把"脸面"搁置脑后，以泰然自若的风度、机智幽默的语言去解脱。你碰到这种情况时也不必感到尴尬，更没有必要恼羞成怒地弄得原本良好的关系破裂。因为我们不能够为了一句笑话而失去一个朋友对不对？

那么，除了运用诙谐幽默的语言和表情去冲淡这种气氛，你别无选择。镇定面对尴尬的局面，确实是一个上上策。

所以说，幽默的谈吐，不但能够化解紧张的气氛，还能显示出你的仁慈和宽容。

在人与人的交际过程中，用幽默来反驳对方的观点，既可以达到阐明自己观点的目的，又不至于破坏和谐友好的氛围。

有一次，世界著名生物学家达尔文应邀赴宴，正好和一位年轻貌美的女士坐在一起。这位美人用戏谑的口气向达尔文提出质问："达尔文先生，听说你断言人类是由猴子变来的，那我也是属于你的论断之列吗？"达尔文漫不经心地回答道："那是当然的！不过你不是由普通猴子变来的，而是由长得非常迷人的猴子变来的。"

达尔文并不用科学的道理反驳那位美女，而是以戏谑反驳戏谑。

幽默的谈吐是人际关系的润滑剂，能够使社交更加圆满。友善的幽默能够表达人与人之间的真诚友爱，能沟通心灵，拉近人与人之间的距离，填平人与人之间的鸿沟，是和他人建立良好关系不可缺少的东西。

幽默是一种充满魅力的交际技巧，体现了说话者良好的修养。平时，我们在和人交谈的时候，如果只是板着脸说东道西，根本就谈不上说话的技巧，更谈不上什么人格魅力，只不过是将别人的语言刻板地传递一下罢了。然而，假如我们在交谈的时候或来上一句风趣幽默的话语，说不定就能迅速地拉近双方之间的距离。由于你幽默的谈吐，你在对方心目中的形象自然就生动丰满了许多，你也能因此给自己树立了一个良好的社交形象。

做人感悟

幽默是社交成功的法宝。运用幽默的力量，我们就能通过成功的社交，走上成功之路。

谈吐幽默的人最受欢迎

在人际交往中，幽默的人仿佛有一种魔力，能够将周围的人都吸引到他的身边。每个人都喜欢和机智幽默的人做朋友，而不愿意和呆板木讷的人做朋友。

某大学植物系有一位植物学教授，开的课虽然是冷门课程，但只要是他的课，几乎堂堂爆满，甚至还有人宁愿站在走廊边旁听，原因并不是这位教授专业知识多惊人，而是他的幽默风趣风靡了全校园，使得学生们都喜欢上这位教授的课。

有一次，该教授带领一群学生深入山区做校外实习，沿途看到许多不知名的植物，学生好奇地一一发问，教授都详细地回答解说。一位女同学不禁停下了脚步，对着教授赞叹地说："老师，您的学问好渊博呀，什么植物都知道得那么清楚！"教授回头眨了眨眼，扮个鬼脸笑道："这就是我为什么故意走在你们前头的原因了，只要一看到不认识的植物，我就'先下脚为强'赶紧踩死它，以免露馅！"学生们听了笑得人仰马翻，使这次实习成了一趟充满笑声的愉悦之旅。

当然，教授只是开个玩笑，幽默一下而已，但这正是他广受学生欢迎的原因之一。

中央电视台的节目主持人崔永元其貌不扬，但却受到了全国电视观众的喜欢，其中，很大一部分原因是他主持节目时充满睿智和幽默的话语。下面我们就来看三个小片段。

中央电视台《实话实说》栏目中的一段对话：

崔永元："我们今天谈的话题，是一个爱鸟的话题。我们请汪师傅来，肯定是因为他爱鸟。汪师傅，您是不是非常喜欢鸟，您从什么时候开始养鸟的？"

汪汝贤："从1967年吧！"

崔永元："我们在座的人中间，并不是所有的人都有养鸟的经验和经历，您能不能给我们谈谈养鸟有什么乐趣？"

汪汝贤："就是听它的叫声。它叫出来的声音，用我们的土话说叫'音儿'，实际上就是语言，各不相同。像内蒙的百灵鸟，它原先叫声非常难听，通过人工饲养、驯化，它可以叫出十三套来。这十三套就是莺、猫、燕、狗、家喜鹊、灰喜鹊、黄雀、麻雀，还有像母鸡下蛋、公鸡打鸣，它都可以学。"

崔永元："您养了一只百灵，鸡鸭猫狗兔全都不用养了，哈哈哈！"

小崔的幽默使他赢得了全国观众的喜欢。他幽默的话语犹如水龙头里的水，轻轻一拧就源源而来。他的幽默浑然天成，收放自如，总能在不经意间使观众忍俊不禁。

康老师："精神压力可以引起大脑神经细胞内的生物化学的改变，具体讲呢，就是一种叫'五羟色胺'的这么一种神经递质，精神压力导致他的'五羟色胺'水平降低，然后就开始出现抑郁情绪了，出现抑郁症状了。这时候如果你告诉他，世界多么好啊，你应该活下去。他心里也这样想，但是呢，太痛苦，唯一想采取的办法就是死。"

崔永元："康老师能不能告诉我们一些我们大家都认识的、都非常熟悉的人，说一说他们也得过抑郁症，这样我们就觉得这是很正常的事了。"

康老师："举例子太多了，三岛由纪夫、川端康成、三毛、海明威。抑郁是可以在任何时候，袭击任何人的情绪，没有一个人有免疫力，只要你有压力。"

崔永元:"我听您这么一介绍,觉得抑郁的人当中好像优秀的人挺多。"

康老师:"对,也可以这样说。"

崔永元:"所有的天才都是抑郁的,我最近就特别抑郁。(笑声、掌声)"

幽默的小崔当然不会"放过"身边的同事,有时也会不失时机地对同事"幽上一默"。

一年春节期间,中央电视台新闻评论部的"名嘴"、"名记"们自导自演自看搞了一场小型联欢会。

在联欢会上,大家推荐崔永元等人表演一个小品。小崔一点儿也不含糊,扮作"新娘"粉墨登场。担当"新郎"一角的是新闻评论部主任。出人意料的是,这个"新娘"手里比别的新娘多了一个小宝宝。于是,主持人白岩松就在大家的授意下前去采访"新娘"崔永元:

"请问新娘为什么带个孩子?生孩子的感觉怎么样?"

"新娘"崔永元假装不解地反问白岩松:"难道你不知道吗?"

白岩松老老实实地回答:"不知道。"

"新娘"崔永元又问:"你真的不知道吗?"

白岩松再次肯定地回答:"不知道。"

这时,"新娘"崔永元一脸坏笑地说破了谜底:

"生孩子的感觉是——痛并快乐着!"

台下观众顿时哈哈大笑,并报以会心的掌声。

原来,《痛并快乐着》正是白岩松当年出版的一本书的名字。

做人感悟

幽默好像吸铁石,可以将周围的人吸引到你身边来;幽默又好像是转换器,可以将痛苦转化为欢乐。只要你善于灵活地运用幽默,就能使自己成为最受欢迎的人。

破解幽默的"招数"

有时，幽默看似神来一笔，看起来似乎是只可意会不可言传的，其实也是有技巧可循的。

一、幽默的"招数"

1. 夸张法

夸张法就是将事实进行无限制的夸张，造成一种强烈的喜剧效果，是产生幽默的有效的方法。

相传，苏东坡与其妹妹感情很融洽，而且都好戏谑之词。一次，他俩相互拿对方的生理特点开玩笑。苏东坡说：

"未出房门三五步，额头已到画堂前。"

这是戏谑苏小妹的额头太高。苏小妹立即反击：

"去年一滴相思泪，今朝方流到腮边。"

这是夸张苏东坡的脸太长，以致一滴眼泪流了一年才到腮边。

苏东坡不甘示弱，又来一句：

"几回拭脸深难到，留却汪汪两道泉。"

这里嘲笑苏小妹的眼窝深得擦眼泪都擦不到。苏小妹立刻回道：

"口角几回无觅处，忽闻须内有声传。"

这是讥讽苏东坡满脸络腮胡须又浓又密又长，以致把嘴完全掩盖了，怎么也看不到。

苏东坡与苏小妹的戏谑之词中，极其夸张之能事，相互丑化，可谓深得幽默之妙旨。

2. 偷换概念

偷换概念就是把概念的内涵暗暗地偷换或者转移，概念偷换得越离谱、越隐蔽，概念的内涵的差距就越大，产生的幽默效果就越强烈。

李司到劳务市场来招雇工，对一个应聘者说："你来给我当雇工吧。"

应聘者说："好呀，请问你给我多少工钱？"

李司说："工钱么，我给你吃、给你喝、给你住、给你穿，你看怎么样？"

这个应聘者满口答应了,并与李司签了合同。

当天晚上,这个应聘者吃喝完毕就躺下睡觉,第二天10点多钟还没有起床。李司恼羞成怒,训斥应聘者:"你是来打工的,不是来睡觉的,你这个人有毛病么?"

这个应聘者说:"先生,我看你有毛病,怎么才来呀?我现在吃了、喝了,也住下了,按照合同,我在等你给我穿衣服呢。"

3. 委婉法

委婉幽默法能帮助你把一些不想直说的话间接地说出来,让听话的一方在做出延伸或深入判断之后,领悟出被你"藏"起来的那层意思。

在一家高级餐馆里,一位顾客坐在餐桌旁,很不得体地把餐巾系在脖子上。餐馆的经理见状十分反感,叫来一个服务生说:"你去让这位绅士懂得,在我们餐馆里,那样做是不允许的,但话要尽量说得和气委婉一些。"服务生接受了这项任务,来到那位顾客的桌旁,有礼貌地问:"先生,你是想刮胡子,还是理发?"那位顾客愣了一下子,马上明白了服务生的意思,不好意思地笑了笑,取下了餐巾。

委婉幽默法广为人们喜欢,其原因就在于它在多个方面对人们进行了照顾、安慰,不单照顾了人们的面子,还通过委婉的暗示的话语达到了说话的目的。人们不但会建议,还会因为被照顾了面子而对说话者心存感激。

4. 一语双关

所谓一语双关,也就是你说出的话包含了两层含义:一是这句话本身的含义;另一个就是引申的含义,幽默就由此而生。一语双关是言在此而意在彼,能够让听者不止从字面上去理解,还能领会到言外之意。

有一则寓言说,猴子死了去见阎王,要求下辈子做人。阎王说,你既要做人,就得把全身的毛拔掉。说完就叫小鬼来拔毛。谁知只拔了一根毛,这猴子就哇哇叫痛。阎王笑着说:"你一毛不拔,怎么做人?"这则寓言表面上是在讲猴子的故事,却很幽默地表达了"一毛不拔,不配做人"的道理,虽然讽刺性很强,却也委婉、含蓄。

一语双关可以说是幽默最厉害的招式之一,它恰如其分地表达了对人对事的看法,其中还隐含了智慧的成分,是"机智人生"的呈现。

5. 绵里藏针

绵里藏针幽默法，是指表面柔和，内含刚健，使人有刺痛之感，且不露痕迹的表达方式。

英国首相丘吉尔是一位能言善辩、风趣幽默的政治家。

一次，一个女议员对他说："如果我是你的妻子，我就会在你的咖啡里下毒药。"丘吉尔幽默地答道："如果你是我的妻子，我就会喝掉它。"

还有一次，在丘吉尔脱离保守党、加入自由党之后，一个妩媚的年轻女郎对他说："你有两样东西我很不喜欢。"

丘吉尔问道："不知是哪两点？"

女郎用嘲讽的语气说："你执行的新政策和你嘴上的胡须。"

"是吗？"丘吉尔彬彬有礼地回答，"请不要在意，您没有机会接触到其中任何一点。"

丘吉尔巧妙地运用幽默的语言摆脱了尴尬的场面。他的话听起来很温和，但这种温和之中蕴涵着批判，让对方虽然恼火，却也不便发作。可以说，绵里藏针幽默法具有特殊的力量。

6. 制造悬念

制造悬念幽默法，是幽默最常用的一种技巧。巧设悬念来制造幽默一般是先把自己的思路引入对方思维的轨道，然后来个急转弯，把对方置于困惑的境地，即让对方"着了你的道"，再用关键性的话语一语道破，起到画龙点睛的作用。

7. 荒诞法

这是以一种出乎意料的独特方式，摆脱理性而产生此类完美的"蠢话"。这种幽默，绝不会来自傻瓜的头脑，而是高度智慧的结晶。喜欢这种幽默的人，理性思维较发达，追求精神的自由奔放。

最具有代表性的，是美国著名作家马克·吐温。我们可以共同来欣赏几个马克·吐温先生生活中的片断。

一天，马克·吐温乘火车外出。

当列车员检查车票时，他翻遍了每个衣袋，也没有找到自己的车票。刚好这个列车员认识他，于是就安慰马克·吐温说："没关系，如果您实在找不到车票，那也不碍事。"

"咳!怎么不碍事,我必须找到那张该死的车票,不然的话,我怎么知道自己要到哪儿去呢?"

还有一次,马克·吐温到某地旅店投宿,别人事前告诉他,此地蚊子特别厉害。

他在服务台登记房间时,一只蚊子正好飞来。马克·吐温对服务员说:"早听说贵地蚊子十分聪明,果不其然,它竟会预先来看我登记的房间号码,以便晚上对号光临,饱餐一顿。"

服务员听后不禁大笑。结果那一夜马克·吐温睡得很好。因为服务员也记住了房间号码,提前进房做好了灭蚊防蚊的工作。

8. 移花接木

移花接木是幽默创作的主要技巧之一,即把在某种场合中显得十分自然、和谐的情节或语言移至另一种迥然不同的场合中去,使之与新环境构成超出人们正常设想和合理预想的种种矛盾,从而产生幽默的效果。

赫尔岑是19世纪俄国著名的哲学家、作家。年轻时,在一次宴会上被轻佻的音乐弄得心烦意乱,便独自走到一个僻静一些的角落,并用双手捂住自己的耳朵。他的举动被主人发现,主人惊讶地问他说:"先生,您不喜欢这音乐吗?它可是时下最流行的乐曲。"

赫尔岑反问道:"难道流行的就是最高尚的吗?"

主人听了非常反感,诘问道:"不高尚的东西怎么能流行起来呢?"

赫尔岑说:"先生,流行性感冒也是高尚的吗?"

主人顿时哑口无言。

一个词语可能具有多种含义,不同的语境表达不同的意思。而我们在社交中会遇到各种各样的场合,别人的谈话也会使用各种各样的词语,根据词语多义性的特点,我们把别人谈话中的某个词语赋予另外一个含义,这个含义同谈话对象以及语境形成一个强烈的反差,就会收到极强烈的幽默效果。

9. 装傻充愣

装傻充愣幽默法就是利用语言的歧义性和模糊性,故意错解对方的话,问东答西。

美国前总统威尔逊在担任新泽西州州长时,曾接到华盛顿的电话,被告知,他的朋友,代表新泽西的议员去世了。威尔逊深为震动,立即取消了自己当天的一切活动。几分钟后，他接到了新泽西州一位政治家的电话。"州长，"那人支支吾吾地说，"我希望代替那位议员的位置。""好吧，"威尔逊慢吞吞地说，"要是殡仪馆同意，我本人完全赞同。"

很明显，那位政治家想要代替的"位置"是政治地位。威尔逊不可能不知道，他故意装傻充愣，把打电话的政治家所要代替的"位置"，利用语言的歧义说成是"死人躺下的地方"，既让那位钻权者啼笑皆非，也给予他有力的嘲弄。

10. 比喻法

比喻是用有相似点的事物打比方，用具体、浅显、熟知的事物作比来说明抽象、深奥、生疏的事物的修辞手法。在口语表达中，运用恰当的比喻可使言谈话语既形象生动又风趣幽默。

1945年，当富兰克林·罗斯福第四次连任美国总统时，《先锋论坛报》的一位记者去采访他，请总统谈谈四次连任的感想。

罗斯福没有立即回答，而是很客气地请记者吃一块三明治。

记者得此殊荣，便高兴地吃了下去。

总统微笑着请他再吃一块，他觉得这是总统的诚意，盛情难却，就又吃了一块。

当他刚想请总统谈谈时，不料总统又请他吃第三块，他有些受宠若惊了，虽然肚子里已不需要了，但还是勉强把它吃了。这时，罗斯福又说："请再吃一块吧！"

这位记者赶忙说："实在是吃不下了。"这时罗斯福方微笑着对记者说："现在，你不会再问我对于这第四次连任的感想了吧！因为你刚才已感觉到了。"

罗斯福采用的就是比喻的方法制造的幽默。下面的这个故事中的主人公运用的也是以事喻理的比喻幽默法。

摩根先生家来了一位客人，说是要向他请教做生意的学问。可是摩根先生还没有开口，客人自己却滔滔不绝地大讲起来。

摩根先生听了一会儿，实在没有办法，就往客人面前的茶杯里倒水。

水倒满以后仍在继续倒，流得到处都是。

客人终于忍不住了。"您难道没有看见杯子已经满了吗？"他说，"再也倒不进去了!"

"这倒是真的,"摩根先生停下来,"和这只杯子一样,你的脑子里已装满了自己的想法。要是你不给我一只空杯子,我怎么给你讲呢?要知道,是你来向我请教的!"

11. 婉曲释义法

婉曲释义法,就是把本来不相干的事物巧妙地引入到原先叙述的事物中,从而得出新的认识、体验和结论,造成诙谐、可笑的情趣。曲解是对问题进行歪曲荒诞的解释,即把两种毫不相关的事物凑集捏合在一起,造成因果关系的错位或内在逻辑的矛盾,得出不和谐、不近情理、出乎意料的结果,从而使语言谈话产生幽默感。

美国艺术幽默作家安彼罗斯·迪尔斯即利用释义这一手法编纂了一本不同凡响的《幽默词典》,对一些原先枯燥乏味的名词作了新的解释,使人读后,对事物的本质有豁然顿悟之感,而且引人入胜,别有一番情趣和风采。

比如,"政治":指谋求利益而从事的公务;"外交":指为本国而撒谎的活动;"和平":指两次战争中的一段间隔;"坦克":指超级大国用来拜访朋友的交通工具等。

12. 隐含判断法

"隐含判断"技巧因其具有含蓄性,暗藏锋芒,表面观点和实际观点既有千丝万缕的联系,又有大跨度的差距,虚实对比之下往往会显得风趣谐谑,所以能产生十分强烈的幽默感。

一天晚上,英国政治家约翰·威尔克斯和桑威奇伯爵在伦敦著名的牛排俱乐部共进晚餐。酒过三杯后,桑威奇伯爵带着醉意跟约翰·威尔克斯开玩笑说:"我常在想,你一定会死于非命,不是天花,就是被绞死。"

威尔克斯立即回击说:"我的伯爵先生,那要看我是喜欢伯爵夫人还是喜欢伯爵了。"

"隐含判断",幽默就幽默在它不是一览无余,而是给人留下回味思考的空间,这个空间里趣味无穷,机锋无限。

约翰先生坐在车厢里很有礼貌地问坐在身边的一位女士:"我能抽烟吗?"

女士很客气地回答:"你就像在家里一样好啦!"

约翰先生只好将烟盒重新放回衣袋里,叹了一口气说:"还是不能抽。"

13. 对比法

对比是产生幽默的基本手法。幽默的对比是指把两种(或两种以上)互不相干,甚至是完全相反的,彼此之间没有历史的或约定俗成的联系的事物放在一起对照比较,以揭示其差异之处,即不协调因素。

在幽默中,对比双方的差异越明显,对比的时机和媒介选择越恰当,对比所造成的不协调程度就越强烈,观赏者对对比双方差异性的领会就越深刻,此时,对比所造成的幽默意境也就越耐人寻味。比如下面这则幽默:

夫:你出去时可别再带着那条怪模怪样的花狗去。

妻:我觉得那条花狗很可爱。

夫:你一定要带着它,是想以它作为对比,显示出你的美貌吧?

妻:你真糊涂,如果想那样,我还不如带你出去更好些。

14. 类比法

生活是和谐统一的,但在内容与形式、愿望与结果、理论与实际等方面会产生强烈的不协调,于是形成了不和谐的对比,这种强烈的反差必然产生幽默、可笑的情趣。

类比是根据两种事物在某些属性上的相同,而且已知其中一种事物还有其他属性,从而推知另一种事物也可能具有相同的其他属性。在口语表达中恰当运用类比,可以起到扭转逆境、轻巧取胜且不失幽默感的效果。

如,有位市长向一位黑人领袖提出诘难:"先生既然有志于黑人解放,非洲黑人多,何不去非洲?"

黑人领袖反驳:"阁下既然如此关心灵魂的拯救,那地狱灵魂多,何不下地狱?"

黑人领袖运用类比进行推理,根据两个对象在某些属性相同的基础上提出它们具有相同的属性:既然有志于黑人解放就要到黑人多的非洲去,那么关心灵魂拯救的,自然就要到灵魂多的地狱里了。语言锋利而诙谐,轻而易举地驳倒对方。

二、幽默要得体、适度

在生活中,适当、得体地幽默一下、开个玩笑,可以博大家一笑,营造出轻松活跃的氛围。但有不少人在开玩笑时往往把握不好分寸，滥用幽默、乱开玩笑，结果弄得大家不欢而散，影响了彼此的感情。

幽默要适度。

萧伯纳少年时就已经很懂幽默，人又聪明，所以常常语出尖刻。他的幽默总是让人有"体无完肤"之感。有一次，他的一位朋友在散步时对他说："你现在常常出语幽默，不错，这很好。但是大家总觉得，如果你不在场，他们会更快乐。因为他们都比不上你，有你在，大家都不敢开口了。自然，你的才干确实比他们略胜一筹，但这么一来，朋友将逐渐离开你，这对你又有什么益处呢？"朋友的这番话，使萧伯纳如梦初醒，从此，他立下誓言，改掉滥用幽默的习惯，而把这些天才发挥在文学上，终于建立了在文坛上的地位。

要用好幽默需要掌握一定的技巧：

1. 幽默的内容要高雅

幽默的内容与人的思想情趣与文化修养有关。内容健康、格调高雅的幽默，不但能够给他人思想上的启迪和精神上的享受，同时也能塑造自己美好的形象。其实，幽默本身就是阳春白雪，内容低级的笑话根本不能算是幽默，充其量只能算是比较滑稽的话。所以，在运用幽默的时候，要尽量做到内容高雅。

在一次演出时，钢琴家波奇发现剧场里有一半的座位空着，于是，他对观众说："朋友们，我发现这个城市的人都很有钱，我看到你们每个人都买了两三个座位的票。"于是这半屋子听众大笑起来。波奇无伤大雅的玩笑为他赢得了听众的心。

2. 使用幽默时态度要友善

跟别人开玩笑，要以"与人为善"为原则。开玩笑的过程，其实也是交流情感的过程。善意的幽默能够加深你和别人的感情。但如果借着开玩笑的机会对别人冷嘲热讽、发泄内心厌恶不满的情绪，就会让别人觉得你人品低劣，而不愿再和你交往。

还有，切记不要拿别人的缺陷来开玩笑，那样别人就会认为你不尊重他人，只能引起对方对你的厌恶。因此，开玩笑的态度要友善，不要让你的幽默带有批评和攻击的意味。

3. 幽默要分清对象

就像音乐是给懂得欣赏的人听的、画是给懂得欣赏的人看的一样，幽默也是给能够领悟其中含义的人听的。找错了对象的幽默，就会造成双方的难堪。

平时，小张很喜欢跟同事开开玩笑：一来可以活跃一下气氛；二来可以和同事沟通一下感情。一天，小张看见隔壁办公室的王女士穿了一条很漂亮的旗袍来上班，他很幽默地对她说："王姐，打扮得这么漂亮，准备出嫁啊？"其实小张只是想间接委婉地赞扬一下她的穿衣打扮。不料，这位王女士勃然大怒："你是在咒我离婚还是在咒我老公？"接下来又是一连串的暴怒的谩骂。

小张万万没有想到，自己赞美别人的幽默话竟然被人家当成了诅咒。对怒不可遏的王女士，小张尴尬万分，只好当众跟她道歉。谁知，那位王女士是一个神经质的泼妇，逢人便说小张是个"十三点"。小张对此也只能苦笑连连。

同一个玩笑，能对甲开，不一定能对乙开；人的身份、心情不同时，对玩笑的承受能力也不同。如果对方性格外向大度，那么即使玩笑稍微开得大了，对方也能接受；如果对方性格内向，习惯琢磨别人的言外之意，那对这类人开玩笑一定要小心谨慎。如果对方平时开朗大方，但刚好碰上不愉快或有什么伤心事，那么此时就不能随便与之开玩笑；相反，如果对方性格内向，但正好喜事临门，此时跟他开个玩笑，效果可能会好得出乎意料。

对长辈、女性、残疾人和初次相识的人，一定要慎用幽默。和长辈开的玩笑要亲切、高雅、机智，不要轻浮放肆，更不要涉及男女之间的风流韵事。和女性要慎开玩笑。对于不太了解或者完全陌生的人，更不能乱用幽默。和残疾人开玩笑时，一定要注意忌讳。每个人都不愿意别人用自己的短处开玩笑，残疾人尤其如此。

4. 使用幽默要注意场合

幽默并不是什么场合都可以运用的。不分场合的幽默，结果只能适得其反。滥用幽默可能会冲淡你的工作成绩。

比如说，大家正在聚精会神地研究一个问题，这时，你突然在这里插进一句和工作无关的笑话，则不但不能引人发笑，还可能遭到大家的白眼。又比如，老板让大家对某项工作发表意见和建议，你却在这个时候讲笑话，虽然把大家都逗笑了，然而老板却很可能因此认定你是一个不守纪律、没有礼貌的人。

再比如，老板和全体职员欢聚一堂时，相互之间开些健康的玩笑来调节气氛，而你却在此时大讲"荤笑话"、"黄段子"，弄得在场的女同事尴尬不已，那么，你很可能给老板留下媚俗、品位不高的印象。

运用幽默还要抓住时机。应该在某些特定的场合和条件下发挥幽默，而这些就像机遇一样可遇而不可求，关键在于你能否随机应变。如果总是为幽默而幽默，就会显得生硬、不合时宜、不伦不类，而幽默不但不能成为沟通中的"润滑剂"，反而还可能增加沟通的"摩擦系数"。不需要幽默的场合，无需生搬硬套幽默。如果当时的条件并不具备，你却要尽力表现幽默，结果只能使你陷入尴尬。

幽默不能滥用。正确的态度是把幽默当作味精——少则增味，多则恶心。一味地说俏皮话，无限制的幽默，结果反而不幽默了。比如，你把一个笑话反复地讲了很多遍，起初别人还觉得很有趣，到后来听厌了，不但不再感兴趣，还会觉得你很无聊。所以，使用幽默一定要注意"度"，一旦过了头，就变成无趣了。

在与人交谈时，得体、适度地使用幽默，可以活跃气氛，调节人际关系。但千万不要滥用幽默，用错了场合、用错了对象，就会把自己置于非常尴尬的境地。

三、掌握幽默的要领

幽默给人以从容不迫的气度，更是一个人成熟、机智的象征。如果你觉得自己不是很善于幽默，也不必为自己的言语贫乏而懊恼，只要你学习一些幽默的基本技巧，再掌握下列幽默的要领，就可以说已经向成为幽默专家就更靠近一步了。

1. 不要急于说出结果

当你叙述某件趣事的时候，不要急于显示结果，应当沉住气，要以独具特色的语气和带有戏剧性的情节显示幽默的力量，在最关键的一句话说出之前，应当给听众造成一种悬念。假如你迫不及待地把结果讲出来，或是通过表情与动作的变化显示出来,那就像饺子破了一样,幽默便失去效力,只能让人扫兴。

2. 要注意停顿和强调

当你说笑话时,每一次停顿,每一种特殊的语调,每一个相应的表情、手势和身体姿态,都应当有助于幽默力量的发挥,使它们成为幽默的标点。重要的词语应加以强调,利用重音和停顿等以声传意的技巧来促进听众的思考,加深听众的印象。

3. 要注意对象和场合

不管你肚子里堆满了多少可乐的笑话和俏皮语言,你都不能为了体现你的幽默之处,而不加选择地一个劲儿地倒出来。语言的滑稽风趣,一定要根据具体对象、具体情况和具体语境来加以运用,而不能使说出的话不合时宜。否则,不但收不到谈话所应有的效果,反而会招来麻烦,甚至伤害对方的感情,引起事端。

因此,如果你现在有一个笑话已经到了嗓子眼里,不管它有多么风趣,但是,如果它有可能会触及对方的某些隐痛或缺陷,那么,你还是作一下努力,把它咽到肚子里去,不说出为好。

4. 不要让幽默冲淡了主题

有些人在做说服别人的工作时,运用幽默过多,常常是笑话接笑话,连篇累牍,就像连珠炮一样。如此一来,谈话内容往往会脱离主题,难以实现说服别人的目的。对方听起来,也会感到云山雾罩,不知道你究竟要说什么,甚至认为你在向他展示幽默才能呢!

5. 自己不要先笑

最不受欢迎的幽默,就是在讲什么笑话之前和之中,或是刚讲时,自己就先大笑起来。自己先笑,只能把幽默给吞没了。最好的方式是让听众笑,自己不笑或微笑。这就是说,采取"一本正经"的表情和"引入圈套"的手法,才是发挥幽默力量的正确途径。

做人感悟

<u>幽默的招数有很多。如果我们能够有意识地学习这些招数,并且运用得法,就能收到奇妙的效果,还能使我们的谈吐增色不少。</u>

学会用宽容的胸怀和同事交往

一般来说,一个人每天相处时间最长的就是自己的同事,一个上班族,一天有八小时、一周有五个工作日是在工作中度过的。因此,搞好同事之间的关系是非常重要的。除了注意交谈时的语言技巧之外,还应该在和同事交往中,表现出你的宽容和修养,学会用宽容的语气和同事交谈。

有一次,美国总统门罗在白宫举行宴会,招待外国使节。法国外长德·寒胡赫尔伯爵坐在英国外交大臣查尔斯·沃恩爵士的对面。查尔斯·沃恩发现,自己每讲一句话,法国外长总要咬一下大拇指。沃恩越来越感到气愤。后来,他实在忍无可忍,便问德·寒胡赫尔:"你是对我咬指头吗?先生?"

"是的。"伯爵傲气十足地回答道。

说时迟那时快,两人拔剑各自冲向对方。

就在两位外长快要交手之际,门罗总统的剑已架在中间。其动作之快,使满座皆惊。一场恶斗就这样被制止了。

"门罗之剑"毕竟是有限的,同事之间最好要有自己的心灵之盾牌,那就是宽容铸就的尊重与理解。

小张和小杨合作共同完成了一项工程。工程结束后,小张有新任务出差,把总结和汇报的工作留给了小杨。正巧赶上小杨的孩子生病,小杨因为忙于给孩子看病,一时疏忽,把小张负责的工作中一个重要部分给弄错了。总结上报给主管以后,主管马上看出了其中的毛病,找来小杨。小杨怕担责任,就把责任推给了小张。因为工程重要,主管立刻把小张调回来。小张回来后,莫名其妙地挨了主管一顿训斥。仔细一问,这才明白了是怎么回事,赶快向主管解释,才消除了误会。小杨平时与小张关系不错,出了这事后心里很愧疚,又不好意思找小张道歉。小张了解到小杨的情况,主动找到小杨,对他说:"小杨,过去的事就让它过去吧,别太在意了。"小杨十分感动,两人的关系又近了一层。

同事之间,难免会发生各种摩擦,此时,如果我们能够保持一颗宽容之心，就不会因为这些摩擦伤了同事之间的和气。

三国时期，有一个叫陆逊的人，为人忠厚，凡事都能容让别人，不计恩怨。由于他受到了孙权的重用，有人就对他心存嫉妒，有意到孙权那里去告状中伤他。

会稽太守淳于式对陆逊就有所不满，给孙权上书，指责陆逊在打仗的过程中，向老百姓征收了过多的物资，给老百姓造成了苦难和忧虑。当然，淳于式有些夸大其词。

战事结束之后，陆逊回到孙权身边。孙权将淳于式的指责转告了他。陆逊没说什么。孙权接着又问，淳于式的为人和表现怎样？陆逊称赞淳于式是个好官吏。

孙权奇怪地问他："淳于式在背后告你的状，你却赞扬他，这是为什么？"

陆逊回答说："淳于式告我的状，虽然不完全符合事实，但他的出发点是好的，是为了维护老百姓的利益；如果因为他告了我的状，我就在您面前说他的坏话，那我就不是一个正派的人。"

孙权听了，很钦佩陆逊的为人，说："你真是一个忠厚的人啊，胸怀如此宽阔，一般人是很难做到的啊！"

在和同事相处时，如果我们能够像陆逊一样宽容，同事之间的关系还会处理不好吗？

在实际工作中，几乎每个人都有机会与不好应付的同事打交道。绝大多数人在这个过程中，心情都不轻松、不愉快。如果可能的话，大家都想对他们避而远之。但是，既然大家必须在一起工作，最好的办法就是用宽容的语气来和这些同事打交道。

一、固执己见者

这种人为了坚持自己的意见和主张，绝不肯轻易听取别人的建议。你要想反驳，必须拥有具体可靠的证据，同时最好联合与你意见相同的人，共同向他进攻，这样才能奏效。

二、自以为是者

这种人不仅酷爱高谈阔论，还会强烈地炫耀自己的高明，对付这种人，你的耳朵比嘴巴更有力。因此你最好冷静地听他说话，不要去打击他的"热情"。

三、腼腆害羞者

对此类性格的人，你能诱导他说话才是你的成功。你可以从说身边的事情开始，慢慢地转换到谈他内心的观点、看法和经验。所谓"抛砖引玉"，便是你应该追求的境界。

四、冥顽不化者

这种人极不善变通，适应能力和接受能力较差。一旦他们有先入为主的观点，你的看法便很难被他理解。你与他交谈，要有足够的耐心，摆事实讲道理，慢慢地说服他。

五、攻击性强的人

这种人是公司里喜欢争斗的代表。只要不合他的心意，他便可能引经据典，驳你一个哑口无言，全然不顾别人的感受。面对这种人，你最好回避。实在要与他打交道，你也要找人陪同，避免一对一的交锋。

做人感悟

谁都希望有一个和谐的工作环境。同在一个单位，或同在一个办公室，搞好同事之间的关系是非常重要的。同事之间的关系融洽，心情就舒畅，不但有利于做好工作，也有利于自己的身心健康。倘若关系不和，甚至关系紧张，那就没滋没味了。所以，我们需要同事的宽容，也需要宽容同事，这样才能减少摩擦、克服内耗、解决矛盾，求得个体与群体的和谐与稳定发展。

当众说话有技巧

卡耐基的一生几乎都在致力于帮助人们克服谈话和演讲中畏惧和胆怯的心理，培养勇气和信心。在"戴尔·卡耐基课程"开课之前，他曾作过一个调查，即让人们说说来上课的原因，以及希望从这种口才演讲训练课中获得什么。调查的结果令人吃惊，大多数人的中心愿望与基本需要都是基本一样的，他们是这样回答的："当人们要我站起来讲话时，我觉得很不自在，很害怕，使我不能清晰地思考，不能集中精力，不知道自己要说的是什么。所以，我想获得自信，能泰然自若，当众站起并能随心所欲地思考，能依逻辑次序归纳自己的思想，在公共场所或社交人士的面前侃侃而谈，富有哲理且又让人信服。"

卡耐基认为，要达到这种效果，获得当众演讲的技巧，我们不妨借别人的经验鼓起勇气。不论是处在任何情况、任何状态之下，绝没有哪种动物是天生的大众演说家。历史上有些时期，当众讲演是一门精致的艺术，必须谨遵修辞法与优雅的演说方式。因而，要想做个天生的大众演说家那是极其困难的，是经过艰苦努力才能达到的。现在我们却把当众演说看成一种扩大的交谈。以前那种说话、动作俱佳的方式，如雷贯耳的声音已经永远过去。我们与人共进晚餐、在教堂中做礼拜，或看电视、听收音机时，喜欢听到的是率直的言语，依常理而构思，真挚地和我们谈论问题，而不是对着我们侃侃而谈。

当众演说不是一门闭锁的艺术，并不像许多学校的那样容易学到知识，必须经过多年的美化声音，以及苦学修辞学多年以后才能成功。平常说话轻而易举，只要遵循一些简单的规则就行。

对于这一点，卡耐基有着深刻的体验。1912年，他在纽约市青年基督协会开始教授学生时，讲授那些低年级的方法，同他在密苏里州的华伦堡上大学时受教的方式大同小异。但是他很快发现，把商界中的大人当成大学新生来教是一种很大的失误，对演说家韦伯斯特、柏克匹特和欧康内尔等一味模仿也毫无裨益。因为学生们所需要的并不是这些，而是在下回的商务会议里能有足够的勇气直起腰来，作一番明确、连贯的报告。于是他就把教科书一股脑儿全抛掉，用一些简单的概念和那些学生互相交流和切磋，直到他们的报告词达意尽、深得人心为止。这一招果然奏效，因为此后他们一再回来，还想学得更多。

在卡耐基的一生中，所收到的感谢信可以堆积如山。它们有的来自工业领袖们，有的来自州长、国会议员、大学校长和娱乐圈中的名人们，有的来自家庭主妇、牧师、老师、青年男女们，有的则来自各级主管人员、技术纯熟或生疏的劳工、工会会员、大学生和商业妇女等。所有这些人都感到需要自信，需要有在公开场合中表达自己的能力，好让别人接纳自己的意见。他们在达到目的之后，就满怀感激地抽空给卡耐基写信，以表示谢意。

根特先生是费城一位成功的生意人，有一次下课以后，邀请卡耐基共进午餐。餐桌上，他倾身向前说："卡耐基先生，我曾避开各种聚会中说话的机会，但是如今我当选为大学里董事会的主席，必须主持会议。你想，我在这半百之年，是否还可能学会当众演说？"卡耐基说："先生，你一定会成功的。"

三年以后，他们又在那个地方共进午餐。卡耐基提起从前的谈话，问他当初的预言是否已经实现。他微微一笑，从口袋中拿出一本小小的红色笔记本，给卡耐基大师看他往后数月里排定的演说日程表。"有能力作这些讲演，讲演时所获得的快乐，以及我对社会能够提供额外的服务——这一切都是我一生当中最高兴的事。"他承认道。接着，根特先生又得意扬扬地亮出王牌。他那教堂里的人，邀请英国首相前来费城，在一次宗教会议上演说。英国首相很少到美国来，而负责介绍这位政治家的不是别人，正是根特先生。就是这位先生，三年前还在这张桌边倾身问卡耐基，他是否有朝一日能够当众讲话呢？他的演讲能力进步如此神速，在卡耐基看来，就同他的心理素质及自我认识的改变密切相关。

有一位叫寇蒂斯的医生，是位热心的棒球迷，经常去看球员们练球。不久，他就和球员成为好朋友，并被邀请参加一次为球队举行的宴会。在侍者送上咖啡与糖果之后，有几位著名的宾客被请上台"说几句话"。突然之间，在事先没有通知的情况下，他听到宴会主持人宣布说："今晚有一位医学界的朋友在座，我特别请寇蒂斯大夫上来向我们谈谈棒球队员的健康问题。"他对这个问题是否有准备呢？当然有，而且可以说他是对这个问题准备最充分的人，因为他是研究卫生保健的，已经行医三十余年。他可以坐在椅子里向坐在两旁的人侃侃谈论这个问题，可以谈一整个晚上。但是，要他站起来讲这些问题，而且对象只是眼前的一小部分人，那却是另外一个问题了。这个问题令他不知所措，他心跳的速度加快了一倍，而他每一沉思，心脏就立即停止跳动。他一生中从未作过演讲，而他脑海中的记忆，现在仿佛全长着翅膀飞走了。他该怎么办呢？宴会上的人全在鼓掌，大家都望着他，他摇摇头，表示谢绝。但他这样做反而引来了更热烈的掌声，纷纷要求他上台演讲。"寇蒂斯大夫!请讲!请讲"的呼声越来越大,也更坚决。他处在极为悲怯的情况下。他知道,如果他站起来演讲一定会失败,他将无法讲出完整的五六个句子。因此,他站起身来,一句话也没说,转身背对着他的朋友,默默地走了出去,深感难堪,更觉得是莫大的耻辱。

他回到布鲁克林的第一件事就是报名参加卡耐基的演讲训练课程。他不愿再度陷入脸红及哑口无言的困境了。像他这样的学生,是老师最高兴碰到的,因为他有极为迫切的需要。他希望拥有演讲的能力,他对这项欲望毫无贰心。能彻底地准备自己的讲稿,心甘情愿地加以练习,从不漏掉训练课程中的任何一课。通过努力练习,进步的速度令他自己都感到惊讶,并且超越了他最大的希望。在上过最初的几节课后,他紧张的情绪消失了,信心越来越强。两个月后,他已成为班上的明星演讲家,不久就开始接受邀请,前往各地演讲。他现在很喜欢演讲的感觉及那份欢喜,以及所获得的荣誉,更高兴从演讲中结交到更多的朋友。纽约市共和党竞选委员会的一名委员,在听过寇蒂斯大夫的一次演说之后,立即邀请他到全市各地为共和党发表竞选演说。要是这位政治家知道,在一年以前他所欣赏的这位演讲家曾经在羞愧与困惑的情况下离开一个宴会,并且是因为他张口结舌,说不出话来,害怕面对观众,那么,这位政治家一定会大吃一惊的。

类似的奇迹在卡耐基先生的演讲口才训练班上很多。许多人由于参加这项训练而改变了自己的命运。其中,有好多人在自己的岗位上获得了远远超过自己所希望的擢升,在商业上、事业上和社会上达于显赫的地位。也因为如此,卡耐基认为,在正确的时刻,一场演说就足以使大功告成。因为在这样一场演说中,受训者就可以借助别人的经验,克服不良心理,获得演讲的信心、勇气和技巧。

卡耐基指出,当众说话需要遵循正确的方法。其方法有以下三个要点:

一、融于自己的题材中

选好题材后,依语言的顺序加以整理,并在朋友面前"预演"。但仅这样的准备是不够的,你还得相信自己的题材具有价值,你应具备哪些伟人们所拥有的品质——坚定自己的信念。如何才能煽动自己生起自信之火呢?深入挖掘题材,把更深层次的内容展现到听众面前,并且自问说:我如何才能让听众信服,如何才能让我的演讲对他们有所启发?

二、避免自己有反面的想法

什么是反面的想法呢?举例来说:设想自己的修辞会出现错误、语句不通顺,或是在演讲中出现卡壳的现象,这都是反面的假想。这些负面情绪很可能在你未登台前,就先将你的自信消耗殆尽。在开始演讲之前,你最需要做的,就是把思想从自己身上转移开,将全部的注意力都投入到听众身上,这样就不会为登台的恐惧所击溃了。

三、给自己打气

除非怀抱有某种远大的理想,并坚信自己可为之付出生命,否则任何人都会有怀疑自己观点、题材的时候。他会问自己,这题目适合我吗?听众们会不会感到厌烦?甚至有些人会在惶惑之下,临场修改题目。这种疑惑实际上会毁掉人们的自信,使他们被恐惧所征服。当你也处在同样的情况下时,你就该为自己作一番精神上的鼓励。用简洁、直白的口吻告诫自己,这个题目就是为你量身定做的,因为它来自你的内心,是你生活经验的积累,反映了你对生命的看法。

告诉自己,你比任何人都有资格来做这场演讲,告诉人们,你也确实将全力以赴,把它阐述得淋漓尽致。也许你要问,这种老套的方法真的管用吗?卡耐基会回答:"是的,也许管用。"现代心理学家都认同这一点——由自我启发而产生的动机。即使你只是现代自我催眠,但也是最强有力地快速刺激自己的好方法。那么,凭借着这种心态全神贯注地投入到你的演讲当中去,又怎么会再被恐惧缠身呢?

做人感悟

听取卡耐基的劝告吧。为了鼓起勇气,当你走上讲台时,不妨就摆出一副生机勃勃的样子来。当然,如果你事先毫无准备,那么无论你如何伪装,仍然毫无作用。相反,如果你已准备妥当,那就做深呼吸,然后迈开大步上台吧。事实上,面对听众前,本来就应该深呼吸30秒,这样有助于清醒你的大脑,消除紧张感。杰出的男高音歌唱家德·雷斯基常说,你若气填胸臆,便可以"携气而坐",紧张感自然无影无踪。

第五篇

把握好交际的分寸与技巧

办事留余地，要给别人台阶下

1953年，周恩来总理率中国政府代表团慰问驻旅顺的苏军。在我方举行的招待宴会上，一名苏军中尉翻译总理讲话时，译错了一个地方。我方代表团的一位同志当场作了纠正。这使总理感到很意外，也使在场的苏联驻军司令大为恼火。因为部下在这种场合的失误使司令有些丢面子，他马上走过去，要撕下中尉的肩章和领章。宴会厅里的气氛顿时显得非常紧张。这时，周总理及时地为对方提供了一个台阶，他温和地说："两国语言要做到恰到好处地翻译是很不容易的，也可能是我讲得不够完善。"并慢慢重述了被译错了的那段话，让翻译仔细听清，并准确地翻译出来，缓解了紧张气氛。总理讲完话在同苏军将领、英雄模范干杯时，还特地同翻译单独干杯。苏驻军司令和其他将领看到这一景象，在干杯时眼里都含着热泪，那位翻译被感动得举着杯久久不放。为什么在社交场合要特别注意为对方留面子、注意给对方下台阶呢？这是因为在社交场合，每个人都展现在众人面前，因此都格外注意自己社交形象的塑造，都会比平时表现出更为强烈的自尊心和虚荣心。在这种心态支配下，他会因你使他下不了台而产生比平时更为强烈的反感，甚至与你结下终生的怨恨。同样，也会因你为他提供了台阶，使他保住了面子、维护了自尊心，而对你更为感激，产生更强烈的好感。这些，对于今后的交往，会产生深远的影响。而这恰恰是不少人所忽略的。否则对方没能下得台阶出了丑，可能会记恨你一生。相反，若注意给人台阶下，可能会让人感激一生。是让人感激还是让人记恨，关键是自己在台阶以上不陷入误区。

由于自己的不慎和忽视，下列社交误区都可能使对方陷入难堪的境地。

第一，揭对方的错处或隐处。

心理学研究表明，谁都不愿把自己的错处或隐私在公众面前"曝光"，一旦被人曝光，就会感到难堪或恼怒。因此，在交际中，如果不是为了某种特殊需要，一般应尽量避免触及对方所避讳的敏感区，避免使对方当众出丑。必要时可委婉地暗示对方已知道他的错处或隐私，便可造成一种对他的压力。但不可过分，只须"点到而已"。在广州著名的大酒家，一位外宾吃完最后一道茶点，顺手把精美的景泰蓝食筷悄悄"插入"自己的西装内衣口袋里。服务小姐不露声色地迎上前去，双手擎着一只装有一双景泰蓝食筷的绸面小匣子说："我发现先生在用餐时，对我国景泰蓝食筷颇有爱不释手之意，非常感谢你对这种精细工艺品的赏识。为了表达我们的感激之情，经餐厅主管批准，我代表中国大酒家，将这双图案最为精美并且经严格消毒处理的景泰蓝食筷送给你；并按照大酒家的'优惠价格'记在你的账簿上，你看好吗？"那位外宾当然会明白这些话的弦外之音，在表示了谢意之后，说自己多喝了两杯白兰地，头脑有点发晕，误将食筷插入内衣袋里，并且聪明地借此台阶说："既然这种食筷不消毒就不好使用，我就'以旧换新'吧！哈哈哈。"说着取出内衣袋里的食筷恭敬地放回餐桌上，接过服务小姐给他的小匣，不失风度地向付账处走去。

第二，张扬对方的失误。

在社交中，谁都可能不小心弄出点小失误来，比如念了错别字，讲了外行话，记错了对方的姓名职务，礼节有些失当等。当我们发现对方出现这类情况时，只要是无关大局，就不必对此大加张扬，故意搞得人人皆知，使本来已被忽视了的小过失，一下变得显眼起来。更不应抱着讥讽的态度，以为"这回可抓住笑柄啦"，来个小题大做，拿人家的失误在众人面前取乐。因为这样做不仅会使对方难堪，伤害他的自尊心，使他对你反感或报复，而且也不利于你自己的社交形象，容易使别人觉得你为人刻薄，在今后的交往中对你敬而远之，产生戒心如果把每个人的失误当成笑柄，自己也就有了制造笑柄的失误。

第三，让对方败得太惨。

与人处事正像下一盘象棋，只有那些阅历不深的小青年，才会一口气赢对方七八盘，对方已涨红了脸、抬不起头，他还在那儿一个劲儿地喊"将"。

在社交中，常会进行一些带有比赛性、竞争性的文化活动，比如棋类比赛、乒乓球赛、羽毛球赛等。尽管这是一些文娱活动，但大家都希望成为胜利者。有经验的社交者，在自己实力雄厚、能绝对取胜的情况下，往往并不使对方失败得很惨而狼狈不堪，反倒是有意让对方胜一两局，既不妨碍自己总体上的获胜，又不使对方太失面子。比如有些象棋高手，在连赢几盘棋后，往往会有意走错几步，让对方最后赢一两盘。其实，作为社交活动，并非正式比赛，对输赢不必那么认真，主要目的还是交流感情，增进友谊，满足文化生活的需要；否则，计较起来，会给对方造成不佳的心情。据说国民党元老胡汉民极爱下象棋，又把输赢看得很重，在一次宴会后与棋艺不凡的陈景夷对弈时，本来已一比一平局，却要下第三局，在残局时被对方打了个死车，顷刻间胡汉民脸色苍白，大汗淋漓，又急又恼，当场晕厥，三天后竟因脑溢血死亡。

我们不但要尽量避免因自己的不慎造成别人下不了台，而且要学会在对方可能不好下台时，巧妙及时地为其提供一个台阶。否则，很可能会由于方法不当，本来是帮助对方下台，结果反而弄得对方更尴尬。这里也有几点应注意：

第一，要注意不露声色。

既能使当事者体面地下台阶，又尽量不使在场的旁人觉察，这才是最巧妙的台阶。有一则报道很能启发人：

一次，一位外国客人在天津水晶宫饭店请客，请10个人点单时要了3瓶酒。饭店女服务员小丁知道10个人5道菜起码得用5瓶酒，看来客人手头不那么宽裕。于是，她不露声色地亲自给客人斟酒。5道菜后，客人们的酒杯里的酒还满着。这位外宾脸上很光彩，感激小丁给他圆了场，临走时表示下次还来这里。如果小丁想让这位外宾出洋相是太容易了，但那样就会失去一位回头客。善于交往的人往往都会这样不动声色地让对方摆脱窘境。

第二，要注意用幽默语言作为台阶。

幽默是人际交往的润滑剂，一句幽默语言能使双方在笑声中相互谅解和愉悦。作家冯骥才在美国访问时，一位美国朋友带着儿子到公寓去看他。他们谈话间，那位壮得像牛犊的孩子，爬上冯骥才的床，站在上面拼命蹦跳。如果直截了当地请他下来，势必会使其父产生歉意，也显得自己不够热情。于是，冯骥才便说了一句幽默的话："请你的儿子回到地球上来吧！"那位朋友：''好，我和他商量商量。"结果既达到了目的，又显得风趣。

第三，要注意尽可能地为对方挽回面子。

有时遇到意外情况使对方陷入尴尬境地，这时，你在给对方提供台阶的同时，如能采取某些妥善措施，及时为对方面子上再增添一些光彩，那是最好不过的了，会使对方更加感激你，譬如本文开头讲到周总理对苏翻译的做法。帮助对方挽回面子，会使他对你感激不尽。

做人感悟

在人际交往活动中，能适时为陷入尴尬境地的对方提供一个恰当的台阶，使他免丢面子，也算是处关系的一大原则，也是做人的一种美德。这不仅能使你获得对方的好感，而且也有助于你树立良好的社交形象。

懂得看时机，借势而用易成功

春秋战国时代，秦国大举兴兵围攻赵国的都城邯郸，赵公子平原君多次给魏王及魏公子信陵君写信，请求魏国援救。魏王派将军晋鄙带领10万大军援救赵国，但又慑于秦国的威胁，便让晋鄙把军队驻扎在邺地，名义上是援救赵国，实际上是执行两面政策，等待、观望形势的变化。

平原君向魏国派出使者催促出兵救援，但魏国仍按兵不动，平原君一气之下又给信陵君写了一封信，谴责信陵君见死不救。因为信陵君的姐姐是平原君的夫人，所以平原君责骂信陵君说："公子即使看不起我，要让我投降秦国，难道也不同情公子的姐姐吗？"

信陵君接到这封信感到非常忧虑，但无论他采取什么办法游说，都无法说服魏王。信陵君此时真像热锅上的蚂蚁一样昏了头，他把自己手下的宾客集中起来，凑集了百余辆车马，想奔赴秦国，与平原君一同战死。

临行时经过夷门，见到了信陵君最器重的宾客——看门人侯嬴，侯嬴听了信陵君的慷慨陈词后非但不加鼓励，反而冷淡地说："公子您自勉吧，老臣不能随你一同去了。"

信陵君走出数里，心中很不是滋味，心想我对侯生的待遇可算得上周到了，如今我将要去送死，他凭什么连一言半句送行的话都没有呢？信陵君越想越气，就叫宾客停下来等他，他又驾车返回去找侯嬴。

信陵君回来的时候，侯嬴正站在门口等他，笑着说："臣本来就知道公子会返回来的呀！"

侯嬴评价信陵君带宾客赴死的举动说："公子喜爱士人，名闻天下。如今遇到难处，就想带着宾客奔秦军，这就如同把肥肉投给老虎，你本想达到救援赵国的目的，这下子可就什么功劳也没有了！"

信陵君恍然大悟，于是向侯嬴求计，利用如姬窃得兵符，调走了晋鄙的10万大军，解除了秦国对邯郸的包围。

这就是历史上有名的"窃符救赵"的故事。

有些朋友运用人际关系办事时心急火燎，巴不得对方马上着手就办。如果对方一两天没什么动静，便有些沉不住气了，一催再催，搞得别人很不耐烦。这也不是运用关系的正确态度。

也许，对方有自己的难处，不得不慢慢作打算；也许，他对应承你的事自有安排。一旦求了人家，就要充分相信人家。

战国时，魏国的国君魏文侯打算发兵征伐中山国。有人向他推荐一位叫乐羊的人，说他文武双全，一定能攻下中山国。可是有人又说乐羊的儿子乐舒如今正在中山国做大官，怕是投鼠忌器，乐羊不肯下手。

后来，魏文侯了解到乐羊曾经拒绝了儿子奉中山国君之命发出的邀请，还劝说儿子不要跟荒淫无道的中山国君跑了，文侯于是决定重用乐羊，派他带兵去征伐中山国。

乐羊带兵一直攻到中山国的都城，然后就按兵不动，只围不攻。

几个月过去了，乐羊还是没有攻打，魏国的大臣们都议论纷纷，可是魏文侯不听他们的，只是不断地派人去慰劳乐羊。

可是乐羊照旧按兵不动，他的手下西门豹忍不住询问乐羊为什么还不动手，乐羊说："我之所以只围不打，还宽限他们投降的日期，就是为了让中山国的百姓们看出谁是谁非，这样我们才能真正收服民心，我才不是为了区区乐舒一令人呢。"

又过了一个月，乐羊发动攻势，终于攻下了中山国的都城。乐羊留下西门豹，自己带兵回到魏国。

魏文侯亲自为乐羊接风洗尘，宴会完了之后，魏文侯送给乐羊一只箱子，让他拿回家再打开。

乐羊回家后打开箱子一看，原来里面全是自己攻打中山国时，大臣们诽谤自己的奏章。

如果魏文侯听信了别人的话，而沉不住气，中途对乐羊采取行动，那么后果可想而知，那就是：自己托付的事无法完成，双方的关系也再无法维持下去了。

由此可以看出，顺应时势，借助外力，请求他人就能以较小的代价成就较大的事情；如果在时机还没有成熟时就勉强去做，则很难奏效。因此，在现实生活中如何顺应时势，克服自己的焦躁情绪是求人中应当注意的问题：

怎样使自己变得耐心一点儿，在紧张的情况下也保持心平气和呢？也就是说在不同环境下怎样消除烦恼的情绪，至少对它有所控制呢？

急性子的人大都不愿浪费时间，因此他们把时间安排得很挤，工作中的时间都安排得恰好，不容许有什么延误或出什么差错。不过，要想万无一失，最好还是留有一定的余地，你所参加的约会越重要，预留的时间就应越充裕。如果是一场必不可误的约会，那就应该留出大量的时间作回旋的余地。

你如果感到十分烦躁，无法理清思绪，请运用你的想象力，努力使自己深深地潜入一个宁静的身心环境，进入一个稳定、美妙的境地。一位朋友说："当我感到思绪纷乱的时候，我就努力想象小河岸边那宁静的风景胜地，它常使我的紧张和烦躁情绪消退许多。"

克服急躁，保持心平气和的方法之一是经常检查自己是否常犯这种毛病。如果你的急躁情绪仅属偶然，你的烦恼便自会消失。但如果你总是怒火中烧，粗鲁无礼，那就应该认识到你对自己是看得过重了，以至于对任何人或任何事都不愿等待。

幽默有时也能帮助你保持心平气和，想方设法将难堪的场面化为幽默的故事，以便使对方感到有趣开心，努力使自己成为一个观察力敏锐的人，因为这样有助于你抵制急躁情绪的产生。

做个有耐心的人不容易，做到平心静气是处世态度的一种境界、一种气度和一种修养。这种修养一旦形成，对求人办事具有重大的作用，也是顺势求人最基本的要求。

做人感悟

在生活中，求人办事是不可避免的，但如果只单凭自己一个人的力

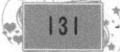

量而不顺应时势，借助外力，往往难以成功，这又将会导致人产生焦躁心理。因为人们在不耐烦时，往往容易变得粗鲁无礼，固执己见，而使人感觉难以相处。俗话说："心急吃不了热豆腐"。当一个人失去耐心的时候，就可能用不明智的头脑去分析事物，难成大事。

友情投资要走长线

善于放长线、钓大鱼的人，看到大鱼上钩之后，总是不急着收线扬竿，把鱼甩到岸上。因为这样做，到头来不仅可能抓不到鱼，还可能把钓竿折断。他会按捺下心头的喜悦，不慌不忙地收几下线，慢慢把鱼拉近岸边；一旦大鱼挣扎，便又放松钓线，让鱼游窜几下，再又慢慢收钓。如此一张一弛，待到大鱼筋疲力尽，无力挣扎，才将它拉近岸边，用提网兜拽上岸来。

求人也是一样，如果逼得太紧，别人反而会一口回绝你的请求。只有耐心等待，才会有成功的喜讯来临。

某中小企业的董事长长期承包那些大电器公司的工程，对这些公司的重要人物常施与小恩小惠，这位董事长的交际方式与一般企业家的交际方式的不同之处是：不仅奉承公司要人，对年轻的职员也殷勤款待。

谁都知道，这位董事长并非无的放矢。

事前，他总是想方设法将电器公司中各员工的学历、人际关系、工作能力和业绩，作一次全面的调查和了解，认为这个人大有可为，以后会成为该公司的要员时，不管他有多年轻，都尽心款待。这位董事长这样做的目的是为日后获得更多的利益作准备。

这位董事长明白，十个欠他人情债的人当中，有九个会给他带来意想不到的收益。他现在做的"亏本"生意，日后会利滚利地收回。

所以，当自己所看中的某位年轻职员晋升为科长时，他会立即跑去庆祝，赠送礼物，同时还邀请他到高级餐馆用餐。年轻的科长很少去过这类场所，因此对他的这种盛情款待自然倍加感动，心想：我从前从未给过这位董事长任何好处，并且现在也没有掌握重大交易决策权，这位董事长真是位大好人！无形之中，这位年轻科长自然产生了感恩图报的意识。

正在受宠若惊之际，这董事长却说："我们企业公司能有今日，完全是靠贵公司的抬举，因此，我向你这位优秀的职员表示谢意，也是应该的。"这样说的用意，是不想让这位职员有太大的心理负担。

这样，当有朝一日这些职员晋升至处长、经理等要职时，还记着这位董事长的恩惠。因此在生意竞争十分激烈的时期，许多承包商倒闭的倒闭，破产的破产，而这位董事长的公司却仍旧生意兴隆，其原因是他在平常关系方面投资多的结果。

纵观这位董事长的"放长线"手腕，确有他"老姜"的"辣味"。这也揭示求人交友要有长远眼光，尽量少做临时抱佛脚的买卖，而要注意有目标的长期感情投资。同时，放长线钓大鱼，必须慧眼识英雄，才不至于将心血枉费在那些中看不中用的庸才身上。

做人感悟

友谊之花，需长年累月培育；做人做事，切不可急功近利。

诚心才能带来友谊

每个人在与其他人的交往中，会逐渐选择到自己的朋友。朋友给了你帮助，使你少走弯路，从而取得事业上的成功。因此，你在通向成功的路途上，考虑如何处理好与朋友的关系，是非常重要的事情。与朋友的关系是人际关系的较高层次。朋友，是经过选择的，不是偶尔得之的。朋友关系，是珍贵的，它是朋友之间友好交往的结果，同时，这种关系也需要朋友间精心地去爱护和保持，以使事业的发展出现大起色。要处理好与朋友之间的关系，诚心是关键。通常应注意从以下几个方面做起：

首先，有难同当。友谊的第一特征是长期性。在生活中，你会体会到，如果你有事时，尤其是有困难时，总希望能得到朋友的帮助。中国有句老话：患难见真情。因此，当朋友遇到困难时，你要尽力予以关照和帮助。这是保持友谊长存的有效方法。在帮助朋友的过程中，要处处体现你的诚心。尤其要注意的一点是不能让朋友感到你帮助他是一种交易，为的是以后让他帮助你。

其次，共同活动。你与朋友之间有相似的活动，却不一定有相似的态度，一个人可以判断出朋友的爱好和活动，但不一定能准确地判明他们各自的态度。态度不相同的人也可以结成朋友，关键在于有所从事的事业的共同性活动。因此，你要想与朋友保持良好的关系，应多接触，多在一起参与共同性的活动，增加相互之间的了解。当然，共同活动是有讲究的，试想，如果一个人并不喜欢高尔夫，只是为了迎合你而陪你一起玩，你是否会把对方当朋友呢？

再次，关心对方。你希望朋友真诚地关心你，也希望朋友在困难时助你一臂之力，同时也希望在平时用语言或通过举止表达对你的关心，同样如此，你对待给你以帮助的朋友，在平时要真诚地多加关注，及时关心他们的工作、学习和生活情况。

最后，信任对方。你对朋友的真诚表露，比对陌生人、熟人都要多。之所以对朋友多表露内心世界，原因之一是信任朋友。

对朋友诚心，对你事业的成功能起到有力的促进作用。诚心不诚心，效果是完全不一样的。楚汉战争中刘邦对韩信的态度从中可见一斑。

项羽原来是楚国的贵族，趁着农民起义的机会，参加了反秦战争。灭了秦朝以后，他重新划分封地，把统一了的中国又弄得四分五裂。分封诸侯以后，各国诸侯都分别带兵回自己的封国去。在18个诸侯中，项羽最忌讳的是刘邦。他把刘邦封在偏远的巴蜀和汉中，称为汉王；又把关中地区封给秦国的三名降将章邯等人，让他们挡住刘邦，不让刘邦出来。

刘邦对他的封地很不满意，但自己兵力弱小，没法跟项羽计较，只好带着人马到封国的都城南郑（今陕西汉中东）去。刘邦到了南郑，拜萧何为丞相，曹参、樊哙、周勃等为将军，养精蓄锐，准备再和项羽争夺天下。然而，他手下的兵士们却都想回老家，差不多每天有人开小差逃走，急得刘邦连饭也吃不下。有一天，忽然有人来报告："丞相逃走了。"刘邦急坏了，真像突然被人斩掉了左右手一样难过。到了第三天早晨，萧何才回来。刘邦见了他，又气又高兴，朝萧何责问起来："你怎么也逃走？""我怎么会逃走呢？"萧何说："我是去追逃走的人呀。"刘邦又问："你追谁呢？"

"韩信。"萧何这里所说的韩信，本来是淮阴人。项梁起兵以后，路过淮阴，韩信投奔他，但得不到信任，也得不到重用，他在楚营里当个小兵。项梁之后，他跟项羽，项羽见他比一般兵士强，让他做个小军官。韩信好几回向项羽献计策，项羽都没有采纳。韩信感到十分失望。闻知刘邦到了南郑，韩信就投奔而来，可刘邦也只给他当个小官。有一次，韩信犯了法被抓了起来，差不多快要被砍头了。幸亏刘邦部下一个将军夏侯婴经过，韩信高声呼喊，向他求救说："刘邦难道不想打天下了吗？为什么要斩壮士？"夏侯婴看韩信的模样，真是一条好汉，把他放了，还向刘邦推荐。刘邦派韩信做个管粮食的官。后来，萧何见到了韩信，跟他谈了谈，认为韩信的能耐不小，很器重他，三番五次地劝刘邦重用韩信，但刘邦总是不听。

韩信见刘邦既不信任，也不肯重用他，就趁着将士纷纷开小差的时候，也找个机会走了。萧何得到韩信逃走的消息，急得直跺脚，亲自骑上快马追赶，追了两天，才把韩信找了回来。

刘邦听说萧何追的是韩信，生气地朝萧何大声说："逃走的将军有十来个，没听说你追过谁，单单去追韩信，是什么道理？""一般的将军有的是，像韩信那样的人才，简直是举世无双。大王要是准备在汉中待一辈子，那就用不到韩信；要是准备打天下，就非用他不可。大王到底准备怎么样？""我当然要回东边去。哪能老待在这儿呢？""大王一定要争天下，就赶快重用韩信；如不重用，韩信早晚还是要走的。""好吧，我依着你的意思，让他做个将军。""叫他做将军，还是留不住他。""那就拜他为大将！""这是大王的英明！"

刘邦叫萧何把韩信找来，想马上拜他为大将。韩信直爽地说："大王平日不大注意礼貌。拜大将可是件大事，不能像跟小孩闹着玩似的那样随意。大王决心拜我为大将，要择个好日子，还得隆重地举行拜将的仪式才好。"刘邦肯定地说："好，我都依你。"

汉营里传出消息，刘邦要择日子拜大将啦！几个跟随刘邦多年的将军个个都兴奋得睡不着觉，认为这次自己一定能当上大将。等到拜大将的日子，大家才知道拜的大将竟是平日被他们瞧不起的韩信，一下子都愣了。

刘邦举行了隆重的拜将仪式以后，韩信被刘邦的真诚征服了心。从此全力为其打天下。当韩信手握重兵，"向汉则灭楚，向楚则亡汉，自立则三分天下"时，一直记着刘邦对自己真诚相待的友情，而没有背叛他。

由此可见，真正的友谊之花是用诚心浇灌得来的。只有你对待朋友以诚，才能换回对方的真诚相待。

做人感悟

心诚则灵，朋友之交也如是。

真正关心和喜欢别人的人会无往不利

作家荷马·克洛维，十分懂得交友之道。凡是碰到他的人，无论是清道夫、百万富翁、妇孺老幼，都会在与他相处15分钟之内，对他产生好感。为什么呢？他既不年轻，又不英俊，更不是百万富翁，他有什么魅力可以吸引人呢？很简单，因为他一点儿也不矫揉造作，并且能让别人感受到他真的喜欢、关心他们。

小孩会爬到他的膝上，朋友家的仆人会特别用心为他准备餐点。而且，假若有人宣布："今晚荷马·克洛维会到这里来！"则当天的宴会一定没有人缺席。除了朋友间深厚的感情之外，荷马·克洛维的家人也都十分敬爱他。他的妻子、女儿，还有好几个孙女，全都对他称赞不已。

究竟这位作家是如何赢得这种幸福的呢？说来也很简单——就是待人诚恳、热爱人类而已。对他来说，对方是什么人，或做什么事，他都不会在意。只要是身为一个人，对他便意义重大，值得付出关爱。每次他遇见陌生人，很快就能像老朋友一样交谈起来——并不是专谈自己的事，而是尽量谈对方的事。他借由问问题，可以知道对方是从哪里来，做什么事，家里有什么人等。他也不会啰里啰唆谈个不停，只是向对方表示自己的兴趣和关心，借以建立起友谊。这种做法，连最爱嘲笑人生的人，都会像阳光下的花朵一样吐露芬芳。正像一位资深外交家所说："外交的秘诀仅在五个字：我要喜欢你。"

卡耐基指出：待人诚恳、热爱人类的人将无往不利！觉得自己被人爱的感觉，比其他任何东西都更能提高人的热情。

在生活中缺乏热情的主要原因之一是感到自己不被人爱。一个人感到自己不被人爱有多种原因。他也许认为自己是个可怕的人，因而没有一个人会喜欢；他也许从孩提时代起便不得不习惯于得到比其他孩子更少的爱；或者，事实上他就是一个谁也不爱的人。但是在最后这种情况下，其原因很可能在于早期不幸引起的自信心的缺乏。

感到自己不被人爱的人会因此而采取不同的态度。为了赢得别人的喜爱，他也许会不遗余力，做出种种出乎意料的亲昵举动。在这种情况下，他很可能不会成功，因为这种亲昵举动的动机很容易被对方识破，而人类天性却偏偏容易将爱给予那些对此要求最低的人。因此，那种试图通过乐善好施的行为追逐爱的人，最终会因人们的忘恩负义而生幻灭之感。他从来没有想过，他试图去购买的爱，其价值远远大于他给予的物质恩惠，因为实际上两者的价格是不平等的，他反而以这种错觉作为自己行动的基础。

绝大多数人，不论男女，如果感到自己不被人爱，只能陷入怯弱的失望之中，仅仅在偶然的一丝羡慕和怨恨之中吁叹一番，于是这些人的生活变得极端的自私自利，爱的缺失使他们缺乏一种安全感，而本能地回避这一感觉，结果造成了他们任凭习惯来左右自己的生活。对于那些使自己成为单调生活的奴隶的人来说，他们的行为大多由对冷酷的外在世界的恐惧所激起，他们以为如果他们沿着早已走过的路走下去，就能避免撞上这个世界。

比起那些在生活中总感到不安全的人来，那些带着安全感面对生活的人要幸福得多。在绝大多数情况下，安全感本身有助于一个人逃脱危险。如果你要走过一块狭窄的木板，而底下是万丈深渊，如果你这时害怕了，反而比你不怕时更容易失足。生活之路也是如此。一个无所畏惧的人当然也会遭遇到突发的灾难，但在经过了一番艰苦的拼搏之后，他可能会安全无恙、毫发未损，而另一个人则可能在荆棘之中暗自悲伤。不言而喻，这种有益的自信心具有无数的形式，有的人对高山充满信心，有的人对大海不屑一顾，也有人在蓝天上翱翔自如。然而对生活的一般自信，更多地来自人们需要多少爱就接受多少爱的习惯。

是接受的爱，而不是给予的爱，才产生了这一安全感——虽然它主要来自相互的爱。严格说来，不仅爱，而且敬仰也有同样的效果。一些职业本身就能够保证人们的敬仰，因而从事这一职业的人，如演员、牧师、演说家和政治家，越来越依赖于别人的喝彩。当他们从大众那儿获得了他们应得的那份赞誉，他们的生活便充满了热情，否则，他们便会感到不快，甚至独处一隅、自我封闭起来。大众的热情对于他们来说，犹如少数人的深情厚谊之于别人。父母喜欢孩子，而孩子则将他们的爱当作自然法则来接受。虽然这种爱对于孩子的幸福至关重要，但他并不看重它。他想象着大千世界，想象着他的历程中的冒险，想象着他长大后将碰上的奇遇。不过，总有这么一种感觉存在于所有这些对外界关注的背后，这种感觉是：一旦灾难临头，父母就会尽其爱心来保护他。不管出于何种原因，一个缺乏父母之爱的孩子，很可能胆小怯弱，不爱冒险，他总感到惧怕，不敢再以欢快的心情去探究外部世界。这样的孩子可能在令人吃惊的小小年纪里就开始了对生与死、人类的命运等问题沉思默想。他变得性格内向，郁郁寡欢，以至于最后便从一种哲学或神学中寻求虚假的慰藉。

　　完美的爱给彼此以生命的活力。在关爱中，每个人都愉快地接受爱，又自然而然地奉献爱；由于这种相互幸福的存在，每个人便会觉得世界其乐无穷。但在一种并不少见的爱中，一个人汲取着他人的生命之精华，接受别人奉献出的爱却毫无回报。有些生命力极强的人就属于这一类型，他们从一个又一个牺牲品那儿榨取生命，使自己壮实起来、得意非凡，而那些他们赖以生存的人则日见消瘦、颓废、意气沉沉。这类人把别人当作达到实现自己目的的手段，而从不认为他们是目的本身。在某一时刻，或许他们认为自己是爱那些人的，但从根本上说，他们对那些人毫无兴致，而只关心能鼓动其活动的，也许是毫无人格的刺激物。不言而喻，这是由他们本性中的某种缺陷造成的。但要对此作出诊断或医治，并不是一件容易的事。这通常是与极大的野心相伴随的一种特征。我认为，这种特征源自这么一种观点，这种观点对什么使人幸福具有极其片面的认识。彼此真正关怀的爱是真正的幸福的最重要的因素之一，它不仅是彼此幸福的手段，也是共同幸福的结合点。一个人，无论他在事业上的成就有多大，如果他把自己封闭在铁墙之内而无法扩展这种彼此关怀的爱，那么他便失去了生活的最大快乐。将爱排斥于自身之外的念头，一般来说是某种愤怒或对人类仇恨的结果，这种愤怒和仇恨产生的原因不外乎青年时代的不幸遭遇，或成年生活中的不公正待遇，或其他任何导致迫害狂的因素。过分膨胀的

自我好比一座监狱，如果你想要享受充分的生活乐趣，就必须从中逃脱出去。拥有真正的爱是逃脱自我樊篱的标志之一。

做人感悟

仅仅接受别人的爱是不够的，还应该把接受到的爱释放出去，给予别人爱。只有当这二者平衡时，爱才能发挥它的最佳作用。

不要谈论别人的短处

金无足赤，人无完人。世界上没有十全十美的人，每个人都有自己的长处，也都有自己的短处。在社交中，千万不能把在大庭广众之下把别人的短处揭露出来，那样无异于直接将自己置于对方的敌对位置，从而直接导致交际的失败。

明朝的开国皇帝明太祖朱元璋，出身寒微，曾经是个小混混，当过和尚和乞丐，这当然是尽人皆知的事情，按说根本算不得什么隐私。但是自从他当上了皇帝之后，他的寒微出身便成了他的短处。短处和隐私一样是碰不得的东西，碰他这些东西就犹如揭了他的短，这是比挖他的祖坟还更令他恼火的事情。

朱元璋在儿时有个最要好的朋友，名字叫做方不圆。听说朱元璋做了皇帝，就想去向他要个一官半职的，以便风光一回。他跑到京城里对朱元璋先大大地奉承了一番，说："皇上，草民听说皇恩大如天，泽被天下亿万黎庶，来京之后一看果然不差。人都说，背靠大树好乘凉，草民叩请皇上给个一官半职，让草民有一碗饭吃就行。草民深信皇上不会让一个儿时朋友失望。"

朱元璋其实已经认出这个儿时好友方不圆了，却故意惊诧地问道："你是谁呀？"

方不圆说："皇上怎么不记得了，我是方不圆啊，咱俩从小在濠州（治钟离，今安徽）凤阳（临淮关西）一起长大，从小就光着屁股在一块儿玩儿，你干了坏事全由我替你挨打。有一次我俩偷了豆子，背着大人用破瓦罐煮来吃。豆子还没煮熟，你就要拿来吃，我不肯，你就抢，结果破瓦罐被打烂了，豆子撒了一地。被偷了豆子的人家发现追来打人，你比我小飞快跑开了。我比你大只好站下来等别人捉着打了一顿。怎么，皇上如今一点儿也不记得这件事情了吗？"

方不圆把这儿时的恶作剧说得十分详尽具体，心想这定然能够得到朱元璋的封赏。谁知这便犯了"不为尊者讳"的大忌，当众揭朱元璋儿时的短，于是朱元璋龙颜大怒，吼道："大胆刁民，竟敢编了故事来骗朕，朕儿时哪有这些不光彩的事情？来人，推出去斩了！"

方不圆喊着朱元璋的儿时小名，破口骂道："朱老四，你要什么威风，别看你现在成了皇帝，你从小当混混当乞丐当和尚的事情别想瞒过世人，你不过是个流氓皇帝……"再也骂不得了，刽子手已奉朱元璋的圣命将方不圆的嘴巴塞住了。没过多久，方不圆便被腰斩弃市于京城街头。

这个只"方"不"圆"的人之所以丧命，就是他不懂得"为尊者讳"的道理；他本以为细数朱元璋儿时趣事就可以得到朱元璋的理解和同情，殊不知这正好揭了朱元璋的短，使朱元璋龙颜震怒而斩了他。

对于朱元璋来说，自己最大的短处可能就是出身草莽，而方不圆却偏偏"哪壶不开提哪壶"，当着文武百官的面揭了皇帝的短，他当然也就得不到什么好处。

这只是一个民间传说，在此，我们没有必要去考证它的真实性。但我们还是能够从中得到一些启发：说话不揭短，给别人保全面子，可以使双方的交流更加融洽、顺畅。

老朋友相聚，免不了要旧事重提，这样可以使大家在回忆往事的过程中变得更加亲密无间。在这种气氛里，开开无伤大雅的玩笑，说说过去的一些糗事，也都是一种乐趣。但在此时，如果口无遮拦地揭人家的短，特别是当对方的另一半也在场的时候，就会破坏现场的气氛，说不定一场好好的聚会就被"揭短"给毁了，更为严重的是，老朋友、老同学的交情也很可能因此毁于一旦。

小丁是个英俊潇洒、高大魁梧、才华横溢的帅小伙子。上大学的时候，同学们就戏称他为"恋爱专家"。这一方面是夸奖小丁的魅力，当然，这个绰号也暗含些许的"花心"的讽刺意味。

毕业之后，小丁成了一家外资公司的高级职员，收入颇丰，再加上他出众的相貌，自然吸引了很多女孩的注意，其中，不但有暗恋他的，也不乏向他大胆表白的。但小丁的眼光颇高，早就看中了在同一座写字楼的另一家公司上班的白小姐。白小姐是个出了名的"冷美人"，但在小丁强大的爱情攻势下，终于心甘情愿地做了小丁的"爱情俘虏"。

一年一度的同学聚会到来的时候，春风得意的小丁带着美貌如花的女友，来到了聚会的地点。在老同学艳羡的目光中，小丁不禁有点飘飘然了。酒过三巡，大家开始天南海北地侃大山，接着，话题被一个同学转到大学校园里罗曼蒂克的爱情故事上去了，大家很自然地聊起了"恋爱专家"小丁的往事。那个同学眉飞色舞地讲述小丁如何引得众女生趋之若鹜，又如何与多个女友在花前月下卿卿我我。起初，白小姐还觉得很新奇，心里暗自得意自己的男友的魅力。可后来她越听就越不是滋味，觉得小丁简直就是个"花心大萝卜"。白小姐一气之下，拂袖离去。

也许那个同学并不是有意揭小丁的短，但是他绘声绘色地描述小丁"花心"的往事，确实给小丁和白小姐带来了很大的困扰。

因此，在老朋友聚会时，可以说一些往事来活跃气氛，但切记嘴下留情，千万不要随便揭人家的短，否则很有可能破坏了聚会的气氛，甚至损害朋友之间的感情。

用不同的方式对待别人的短处，所产生的效果自然是截然不同的。在交谈中，避免谈及他人的短处，容易与他人建立起情感，形成融洽的交谈气氛；而喜欢谈论别人短处的人，最容易刺伤他人的自尊心，打击他人的积极性，还会引起他人的反感；不小心谈到别人短处的人，虽然不是有意伤害他人，但别人有可能会误解你的用意，引起别人的不满。

做人感悟

在与他人的交谈中，我们应该尽量避免谈论别人的短处，也不要在公共场合把他人的短处当作谈资。假如别人向我们揭别人的短，我们应该如何应付呢？这时，最好的办法就是一听了之，不要相信这些话，也不必把这些话记在心里，更不可做传声筒来散播这些话。

让你的朋友表现得比你更优秀

安德鲁·卡内基是美国的钢铁大王,他白手起家,既无资本,又无钢铁专业知识和技术,却成为举世闻名的钢铁巨子,这当中充满着神奇的色彩,使许多人迷惑不解。

有一位记者好不容易才令卡内基接受采访,他迫不及待地劈头问:"您的钢铁事业成就是公认的,您一定是世界上最伟大的炼钢专家吧?"

卡内基哈哈大笑地回答:"记者先生,您错了。炼钢学识比我强的,光是我们公司,就有两百多位呢!"

记者诧异道:"那为什么您是钢铁大王?您有什么特殊的本领?"

卡内基说:"因为我知道如何鼓励他们,使他们能发挥所长为公司效力。"

确实,卡内基创办的钢铁业是靠其一套有效发挥员工所长办法取得发展的:卡内基的钢铁厂因产量上不去,效益甚差。卡内基果断地以100万美元年薪,聘请查理·斯瓦伯为其钢铁厂的总裁。

斯瓦伯走马上任后,激励日夜班工人进步竞赛,这座工厂的生产情况迅速得到改善,产量大大提高,卡内基也从此逐步走向钢铁大王的宝座了。

由此可见,卡内基是十分聪明的,如果他自命是最伟大的炼钢专家,那么,至少会导致一些水平与其不相上下的专家不肯为其效力,即使是斯瓦伯这样的管理专家,也不会被看重使用,而人们也不会如此敬仰卡内基了。

法国哲学家罗西法古说:"如果你要得到仇人,就表现得比你的朋友优越吧;如果你要得到朋友,就要让你的朋友表现得比你优越。"

为什么这句话是事实?因为当我们的朋友表现得比我们优越,他们就有了一种重要人物的感觉;但是当我们表现得比他们还优越,他们就会产生一种自卑感,造成羡慕和嫉妒。

纽约市中区人事局最得人缘的工作介绍顾问是亨丽塔,但是过去的情形并不是这样。在她初到人事局的头几个月当中,亨丽塔在她的同事之中连一个朋友都没有。为什么呢?因为每天她都使劲吹嘘她在工作介绍方面的成绩、她新开的存款户头,以及她所做的每一件事情。

"我工作做得不错，并且深以为傲，"亨丽塔对卡耐基说，"但是我的同事不但不分享我的成就，而且还极不高兴。我渴望这些人能够喜欢我，我真的很希望他们成为我的朋友。在听了你提出来的一些建议后，我开始少谈我自己而多听同事说话。他们也有很多事情要吹嘘，把他们的成就告诉我，比听我吹嘘更令他们兴奋。现在当我们有时间在一起闲聊的时候，我就请他们把他们的欢乐告诉我，好让我分享；而只在他们问我的时候，我才说一下我自己的成就。"

苏格拉底也在雅典一再地告诫他的门徒："你只知道一件事，就是你一无所知。"无论你采取什么方式指出别人的错误：一个蔑视的眼神，一种不满的腔调，一个不耐烦的手势，都有可能带来难堪的后果。你以为他会同意你所指出的吗？绝对不会！因为你否定了他的智慧和判断力，打击了他的荣耀和自尊心，同时还伤害了他的感情。他非但不会改变自己的看法，还要进行反击，这时，你即使搬出所有柏拉图或康德的逻辑也无济于事。

有一位年轻的纽约律师，他参加了一个重要案子的辩论；这个案子牵涉到一大笔钱和一项重要的法律问题。在辩论中，一位最高法院的法官对年轻的律师说："海事法追诉期限是6年，对吗？"

律师愣了一下，看看法官，然后率直地说："不。庭长，海事法没有追诉期限。"

这位律师后来说："当时，法庭内立刻静默下来。似乎连气温也降到了冰点。虽然我是对的，他错了；我也如实地指了出来。但他却没有因此而高兴，反而脸色铁青，令人望而生畏。尽管法律站在我这边，但我却铸成了一个大错，居然当众指出一位声望卓著、学识丰富的人的错误。"

这位律师确实犯了一个"比别人正确的错误"。在指出别人错了的时候，为什么不能做得更高明一些呢？

德国人有一句谚语，大意是这样的："最纯粹的快乐，是我们从那些我们的羡慕者的不幸中所得到的那种恶意的快乐。"换句话说："最纯粹的快乐，是我们从别人的麻烦中所得到的快乐。"

做人感悟

有些人，从我们的麻烦中得到的快乐，极可能比从我们的胜利中得到的快乐大得多。因此，我们对于自己的成就要轻描淡写。我们要谦虚，这样的话，永远会受到欢迎。

一定要努力控制好自己的情绪

卡耐基说："每个人的情绪都会时好时坏。学会控制情绪是我们成功和快乐的要诀。"

托尼在美国中部一个跨国大制造公司做了四年的人事主管，他有一个体面的心理学学位。他自称适度自信，性格外向，对自己的生活道路大体上是乐观的，工作顺利，婚姻幸福。然而他却常常陷入一种莫名的不快中。他承认："我总觉得自己失去了什么。我在工作中并不很受欢迎，因为我对同事们从没有真正的亲密感。或许在内心深处我不相信任何人。即便跟妻子琼在一起，我大多数时候也是小心谨慎。当有人直截了当地问有关我自己的问题，我通常闪烁其词。作为人事官员，我需要人们的支持和信任。但我感觉他们有点儿躲着我，甚至提防我。或许他们是在回报平日里我对他们的喜怒无常和神经质吧。"

托尼的想法没有错，恰恰是因为他不善于控制自己的情绪，喜怒无常，让人觉得他有神经质，同事们才躲着他。

类似的例子在生活中并不乏见：

安娜是一个办公室的管理人员，具有丰富的工作经验，为其组织中相当数量的办公室成员承担着广泛的责任。她同丈夫离婚了，与十多岁的儿子和女儿住在一起。她的烦恼是："我总是无法克制地经常向别人发脾气，虽然事后常常后悔，但又总也控制不了自己的恶劣情绪。我们办公室的职员流动相当快，所以对大多数的人很难有真正的了解，而我周期性地与这样或那样的人发生口角。我试图强硬些，也试图亲切愉快些，可什么都不管用。如果我粗暴强硬，他们就怨恨不满并予以回击。而如果我态度可亲，他们又觉得我软弱可欺，想趁机利用我。我在家里的问题也无法解决。我的孩子们都怨我把时间和精力放在工作上，这使我感到我令他们失望了。但更令我自己失望的是，我即便付出这么多的代价，却仍然得不到同事们的理解和拥戴。我曾失落至极，认真考虑过辞职。可是我在个人生活上已感觉失败，如果现在辞职，那么我在职业上也失败了。"

那么她究竟错在哪里呢？托尼与安娜显然都是成功的职业人员，他们的工作涉及操纵其他同事并又离不开他们的支持和拥护，他们要么有不错的学位和职位（像托尼），要么有长期的工作经验（像安娜），可显然他们却都不觉得对工作驾轻就熟。而他们的共同症结就在于不能信任同事，尊重同事，无法良好地管理、控制自己的情绪，结果既伤害了自己，又得罪了他人。

这个世界上类似人物并不少见。许多职业人员都容易有这样的感觉：所以如果事情搞糟了，那就一定是别人的过失。不过托尼和安娜有一点比许多具有同样问题的人胜过一筹，那就是他们认识到事情并不如意，而过失或许在他们自己。

做人感悟

人与人之间的情绪是会互相感染的，有时自己控制得还不错的情绪，一下子就被别人破坏了，而别人的情绪也常常被自己"污染"。问题是谁都讨厌无故伤害别人情绪的人。哪怕他是为了工作，为了"正事"。控制好自己的情绪，专心配合领导、同事的工作，从而营造一个轻松、合宜的气氛，既有利于同事也表现合理的情绪，无疑也会令自己受欢迎，这实在是聪明者不可不为的行为。

把人情做足

人与人交往，能达到莫逆之交，或可以深交的人还是少数，大部分的人不可能深交，与他们之间的情谊是要用人情来维系的。如果同他们之间没有人情往来，友谊就会淡漠，甚至消失。

人情是中国人维系群体的最佳手段和人际交往的主要工具。但你要是以为好心都有好报，做完了人情必能换来交情，就未免太过迂腐了。有人为朋友两肋插刀，最后却落得骂名或倾家荡产、反目成仇的事并不少见。

当然，做人情做出祸事来的，只是极少数，但人情白做了，弄得双方都不愉快的事，随时可能发生。所以，人情要做，但事前要权衡利弊，有害自己的尽可能不要做，有弊的少做。朋友的人情，不但要做，而且一定要做足。

做足，包含两个含义：一是要做完；二是要做充分。

如果你的一个朋友求你办什么事，你满口答应："没问题。"但隔了几天，你给他一个半零不落的结果，对方虽然口头上不说什么，但心里肯定会说："这哥儿们真不够意思，做就做完，做一半还不如不做，帮倒忙。"

做人情只做一半，叫帮倒忙，越帮越忙，非但如此，还会影响信任度。说话不算数的人，谁都不愿意结交。人情做一半，叫出力不讨好。

人情做充分，就是不仅要做完，还要做好，做得漂亮。如果你答应帮别人办某种事，就要尽心去做，不能做得勉勉强强。如果做得太过于勉强了，即使事情成了。你的态度也会让对方在感情上受到伤害。

比方说你买了一本好书，朋友来借，你先说："我刚买的，还没看完呢，你想看就先拿去吧。"

其实前面的废话又何必说呢？最后的结果是借给人家了，你不说也是借，说了还是借，与其说些废话还不如痛痛快快借给他。书总是你的嘛，还回来你尽可以看一辈子，何不把人情做圆满呢？

应牢记：人情要做足。人情做足了自然会赢得朋友的万分感激，让对方记挂你一辈子。唐朝皇帝李隆基亲自为他手下的一个将领煎药，在吹风鼓火时，烧着了胡须，当侍从们赶来时，他莞尔一笑，说："但愿他喝了这药病就好了，胡须有什么可惜的呢？"

一个皇帝为他的手下亲自煎药，这真是天大的人情，把人情做得如此之足，怎不叫属下以死相报呢？人情的杀伤力可谓大矣！

把人情做足，好人做到底，你就要想朋友之所想，急朋友之所急。在朋友最困难、最需要帮助的时候，给朋友一个人情，杀伤力更大。

三国争霸之前，周瑜在袁术手下为官，做一个小县的县令。

这时候地方上发生了饥荒，百姓没有粮食吃，活活饿死了不少人，士兵们也饿得失去了战斗力。周瑜作为父母官，看到这悲惨情形急得心慌意乱，不知如何为好。

周瑜听说附近有个乐善好施的财主鲁肃，就登门借粮。两人寒暄一阵子，周瑜就直接说："不瞒老兄，小弟此次造访，是想借点粮食。"

鲁肃听后哈哈大笑："此乃区区小事，我答应就是。"

鲁肃亲自带周瑜去查看粮仓，这时鲁家存有两仓粮食，鲁肃痛快地说："也别提什么借不借的，我把其中一仓送你好了。"

周瑜及手下一听他如此大方，都愣住了，要知道，在饥荒之年，粮食就是生命啊！鲁肃可谓送了周瑜一个大人情。

鲁肃做足了人情，和周瑜成了好朋友。后来周瑜当上了将军，他牢记鲁肃的恩德，将他推荐给孙权，鲁肃终于得到了自己大展鸿图的机会。

做足人情，还有一个意思，就是你欠了朋友的人情，还的时候，要还足，甚至还更多。你的人情大于他的，他就得记着新的人情，朋友之间的账，永远也算不清，从某种意义上讲，这种算不清的账，无疑成了与朋友之间联系的一种纽带。

做人感悟

朋友之间的情谊，是用人情维系的，所以在做人情方面，你一定要看得开，决定去做的人情，一定要做足，做足人情并非自己"自作多情""一个愿打，一个愿挨"，而是"放长线钓大鱼"。人情做足了，才具有"杀伤力"，才能把想办的事办好。

千里送鹅毛，礼轻情意重

现在，中国人送礼，最讲究面子，似乎只有礼物值钱，才能体现主人情意重，似乎忘了"礼轻情意重"的传统教诲。

英国女王伊丽莎白访问日本时，有一项访问NHK广播电台的安排。当时NHK派出的接待人，是该公司的常务董事野村中夫。野村接到这个重大任务后，便收集有关女王的一切资料，加以仔细研究，以便在初次见面时能引起女王的注意而给女王留下深刻的印象。

他绞尽脑汁，也没有想到好主意，偶然间，他发现女王的爱犬是一种毛狗，于是灵感随之而来。他跑到服装店特制了一条绣有女王爱犬图样的领带。在迎接女王那天，他打上了这条领带。果然，女王一眼便注意到了这条领带，微笑着走过来和他握手。

野村送出的礼物是无形的，因为礼物还系在他脖子上，"礼"轻得非同寻常，只是却使女王体会到了他的用心，感受到了他的情意，因此可谓是地道的"礼轻情意重"了。西欧人送礼，往往是一束野花、一本书、一小篓水果。礼物虽小，却均成敬意。也许在这一点上，我们要学习外国人。

送礼，本身是一种礼貌、尊重、感谢的表示，它本来要求是"礼轻情意重"。礼物应是小巧玲珑，不必价值过高，又不是给对方的物质援助或经济补贴。我们通常出于面子的需要，觉得一件小东西拿不出手，要送，就得送货真价实的大礼。要送水果就称上10斤，要送香烟就送上两条进口的，钱虽然花了不少，但效果却未必好。特别是第一次见面，你一下提了那么多礼物，人家还可能认为你有什么不可告人的目的呢！谁还敢收。如果主人不肯收，你的处境就尴尬了，提走不是，不提走也不是。于是你推我让，最后，难下台的还是你。

如果取消"经济价值"的标准，那么什么是合适的送礼标准呢？当然应是令对方高兴的，而价钱高低不应作为衡量的标准。

前些年一些农村朋友，到城里串门总是带些自家产的西红柿、黄瓜、小米、绿豆等，因为城里缺，或者说不如他送的新鲜，因此主人总是很高兴地收下这些礼物。

你愿做个聪明人吗？那么当你送礼时就不要只考虑面子，仅斟酌掏多少票子出来，还是要记住"礼轻情意重"这句古训，能使对方高兴足矣。

有一年，一位在哈佛大学任教的医生到台湾南部极偏远的小城去行医，他医好了一个穷苦的山里人，没有向他收一文钱。

那山里人回家，砍了一捆柴，走了三天的路，回到城里，把那一捆柴放在医生脚下，也许你会笑他不知道现代的生活里，几乎已经没有"烧柴"这个项目了，他的礼物和他的辛苦成了白费。

但是，爱是没有徒劳的。那位医生后来向人复述这故事时总是说："在我的行医生涯中，从来没有收过这样贵重的礼物。"

一捆柴，只是一捆荒山中枯去的老枝，但由于感谢的至诚，使它成为记忆中不朽的财富。这是送礼的真正艺术。

做人感悟

千里送鹅毛，礼轻情意重。聪明的人不会只考虑礼物本身的经济价值，因为他们懂得礼轻情意重的含义。在价值上花心思远远不如在情意上花心思的效果好。我们永远不要忘记这一点：把真情包装在礼物中。

送礼要送到心坎上

礼品是感情的一种载体，一个人要学会根据不同的人不同的事和不同的地方来进行施礼，所以这也是社交礼仪中的一个规范行为。不管是什么样的礼品都是表示送礼人特有的心意，或者表示酬谢，或者表示求人，或联络感情等。所以，对于礼品的选择，要符合这一规范要求，要针对不同的受礼品者的不同条件来进行区别对待。你选择的礼品必须与你的心意相符，让受礼者感觉到你的礼品是不同寻常的，所以就感觉到非常的珍贵。

礼物的好和坏是不能仅仅用金钱来衡量的。一个好的礼物不一定就是价值不菲的，所以在送礼物的时候只要动动脑筋仔细想想的话，相信你能够想到一种既经济又能够把你的情感传递出去的有意义的礼品。

而在事实上，最好的礼品是要根据对方的兴趣爱好而选择的，一种富有意义的、又耐人寻味、而且品质不凡却不显山露水的礼品。所以，选择礼品的时候要考虑到它的思想性、艺术性、趣味性、纪念性等多方面的因素，力求达到别出心裁，不落俗套的效果。

当今社会，中国传统的习俗讲究人际交往礼尚往来，直至今日仍被公认并保留着。特别是求人办事，有时确实要送人礼物。但送礼时应该想一想究竟谁才是你要送的对象。

在送礼之前，一定要权衡一下，彻底地思量一下。送礼，不能送出的礼物太过零碎，这样就显得分量太轻，有时也可能送的不止一个人，这就更难了，难免人多口杂，心机泄露，对事情有百害却无一益。

送礼是一门特殊的艺术，它能反映出感情投资者的一种文化和教养、交际水平，还能反映出他对对方的一种了解程度、关系的远近。但有的时候也会因方法不当、时机不对、礼品不妥而事与愿违，反而人情未结，芥蒂又生，真是划不来的。所以，要思量好各位"重要人物"的作用了，看他们谁对这件事有主决定权，起裁决作用，谁是办事的关键人物就把礼物送给谁。这时，礼物送到点子上了，要办的事情可能也就迎刃而解了。反之，如果把礼物送给了不相干的人，就会收到不同于现在的成效了。

送礼的目的，就要让收到礼物的人感到高兴，让自己所求他办的事得到满意的答案。这时，就真得要动动脑筋了。送什么呢？他是喜欢什么样的礼物呢？这就要考虑好，送就要送他所喜好的，不然就功亏一篑。

比如说，有的喜欢喝酒；有的爱好吸烟；有的很有艺术品位，他们对字画、古董、一些世界名著等情有独钟。只要懂得了他的喜好，送上他喜欢的礼物，他才会动心和动情，这样他才会拿出精力为你办事。

所以，给人送礼一定要知道自己要办事的大小，如果要是事情较大的话，对自己的利害关系也很大的时候，就应该多送一些，如果事情不大，就可以适当的少送一些。有时也要根据对方要出力的大小、费周折和所承担的责任风险大小来确定礼物的轻重。要是事情难办，比较费力，所承担的风险较大，那不用说就要多送一些，反过来，少送一些就行了。

最后，就要依据当时社会的消费水平了，按平常的情况来说，送礼的多少要根据当时的社会风气和个人所得有关。

所以要学会送礼，还要选对时间、地点，更要注意场合。这样才使人更方便接受。

送礼的场合是可以随机应变的。有很多人特别喜欢选择在晚上到对方家里，但这未必是最好的拜访时机，因为晚上的时间，很可能对方不在家里，送去了礼物却未见到要见的人，真的是很遗憾。也许在家，但又有别的客人在，所以即使带了礼物也不见如你所愿。最好的时间就是在他（她）上班还没动身之前，这样既没有旁人的打扰，又可以把他（她）堵在家中。所以只有礼送到了，那么要办的事就可以办了。

其实，送礼的关键还是要有适当的理由。在送礼时总要有一个恰当的理由，没有理由的送礼，别人如果碍于面子，碍于外界的谈论而推脱，这时就更加麻烦了。但有了理由就好办了，因事出有因，名正言顺，所以对方比较容易接受，在谢你的同时，也不会有太多的顾虑。

这时礼是送到了，可你来的目的还没实现呢，你千万不要说："我送礼其实是想让您帮忙办点儿事。"如果这样说,对方肯定是不会接受的。怎么办呢?这时也不要过于死板,只要找一个恰当的理由,让对方收下礼再说。

比如,如果有对方的孩子在旁的话,你就可以把这礼物推到孩子身上,说:"这东西是给孩子买的,和您没关系,就是不找您办事,随便来串门也应该给孩子买点东西嘛!"再者还可以把这件事推到不在身边的爱人身上,说:"您看这,我就说嘛,找您办这事用不着拿这些东西啊,但我爱人说啥也不听,非让我拿着不可。您看这东西也拿来了,就放您这儿吧,要不然等我回去,她又说我不会办事,没法交代不是。"

同时还可以把这事归到朋友的身上,可以这样说:"这东西是我朋友给你买的,我也没花钱,咱把事给他办了,就啥都有了,咱也不用太跟他(她)客气。"这样种种理由可以使对方轻松的接受礼物,也不失你在他心中形象。再有更高的方法就是把理由推到对方存在的"有机"处,你可以说:"你给办事就够意思了,难道还要让您花钱破费不成?这钱呢,您先拿着,必要时候替我打点一下,不够时我再给您拿。"关系更近一步的还可以再和他套套近乎:"我知道,咱俩之间办事哪还用得着这,但万一有急用呢,还是先放你这,用就用了,不用你再给我不一样吗?"在这种带有人情味的方法中,不仅让对方听了觉得特别的舒服,而很有把握把礼物收下而不是拒绝。那么所剩下的事自然就好办多了。

在现代这个礼尚往来的社会中送礼办事之所以要称之为艺术,关键还在于是否会"送"。办事人的聪明才智将在这个字上表现得淋漓尽致,有可能你的蠢笨愚拙也将在这个字上落得个一览无余。

新年来临前夕,人们都会提前给亲人、朋友、同学、同事、领导以及他人送礼表示心意,同时这种事也是一种礼节。

究竟有没有受惠者得到了礼物,不高兴反而哭笑不得呢?答案是肯定的。我们可以看一下,某公司董事长王女士的故事就知道了。

在王女士出国办事回来之前,刚刚沉重的心得以轻松,这时一位长年移居国外的老朋友,送来了非常珍贵的一口大号金鱼缸。

她这时才想起,自己无意间对朋友说自己喜欢养金鱼。这位朋友也就不惜重金送来了这口鱼缸。

在等到朋友放下礼物走后,她对着这口足以养几千条金鱼的大缸,差点就晕过去。明明订好机票可以轻松的回去了,又来一个庞然大物,这飞机不坐不打紧，最要命的就是它到底怎么运回去才是重要的。

由此可见朋友的深情竟然变成了她头痛事了。朋友怎么就不想一想这样一个大物件让她如何拿回去呢？如果现在再转送给另一个朋友，又实在狠不下心去把自己的不便再转嫁在别人身上。

你面临的困难，也等于是别人也困难的事，这就说不过去了。

所以说，送礼真的就是一门艺术，礼物的轻重关系不大，总的问题就是一定要给受礼之人开心和实用，这样才能体现出送礼物的意义。

在送礼的过程中，"送"是整个礼尚往来办事过程中的最后一环，送得好，方法得当，就会皆大欢喜，境界全出。送得过了，让人挡回，触了霉头，一定会备感尴尬。所以，只有巧妙掌握送的技巧，才能把整个办事过程画上一个完满的句号。有时送出的礼品也可以传递信息。

对于大部分人来说，精心挑选的礼品可以在事业和个人关系方面有所帮助。令人遗憾的是，每天都有很多人把大量的时间、金钱和能量都浪费在那些没有生气、又不受人欢迎的礼品上面去。

在现在这个五彩缤纷的社会里面，人们年复一年的在礼物上花费大量的钱财，每年都又增添一些送礼的节日，从祖先的诞生日到你邻居家小猫小狗的生日，真可谓是面面俱到了。有时候为了能够买到合适的礼品，很多人都会感到自己的时间和想象力还是不够太丰富。有些人甚至还会一下子买回大批同样的东西，再分别送给不同的人。这样的做法往往是收不到效果的，因为同样的礼物是不适合于送给所有人的。

所以，做到少花钱办好事这才是最为重要的。如果是真的掌握了送礼艺术的人不会简单地就用礼品去讨好别人或者是去尽义务。他会用比较适当的方式把他所要传递的信息比较准确地传递出去。

有时礼物能不能送出去，也是很令人头痛的事情，有时对方不愿接受，或严词拒绝，或婉言推却，或事后送回。

做人感悟

一般情况下，对家贫者送礼，要以实惠的为佳；对富裕者来说，要以精巧的为佳；对恋人、爱人，要以纪念性的为佳；而对于朋友，要以趣味性为佳；对于老人，要以实用的为佳；对于孩子，要以启智新颖的为佳；对于外宾来说，就要以那种很具特色的礼物为佳。

第六篇

友情也需要经营

志同道合才有共同目标

一个人要想实现自己的理想必须找到志同道合的朋友一起来完成，毕竟个人的能力有限，精力有限。只有和志同道合的朋友共同完成工作。才能不断地实现自己的理想。历史上几乎所有能够成就大事业的人，必然有一个或者几个志同道合的朋友在帮助他。

不要把自己的能力估计得过高，而要充分考虑到和志同道合的人共同努力来实现目标。

在比尔·盖茨的创业团队中，最不应该忽视的就是他的好朋友保罗·艾伦。这个志同道合的伙伴，与比尔·盖茨有着进军软件业的共同目标，两个一起度过了创业初期的日子。

艾伦是比尔·盖茨在湖滨中学的同学。其父亲当过20多年的助理管理员，因此从小博览群书。1968年，与比尔·盖茨在湖滨中学相遇时，比盖茨年长两岁的艾伦以其丰富的知识征服了比尔·盖茨，而比尔·盖茨的计算机天分，又使艾伦倾慕不已。两人成了好朋友，一同迈进了计算机王国，掀起了一场软件革命。

在谈到他们之间的友谊时，比尔·盖茨回忆说："他读了4倍于我的科幻小说，另外，他还有许多解释自然之奥秘的书，所以，我就问他有关'枪炮工作原理'和'原子反应堆'之类的问题，保罗把这些都讲解得头头是道。后来，我们经常在一起做数学和物理作业，这就是我们何以会成朋友的原因。"

艾伦的特点是说起话来柔声柔气，为人很谦虚。这一点在最初的公司业务开展中起了很大的作用。在与罗伯茨合作改进BASIC程序的过程中，罗伯茨虽然敬重比尔·盖茨的技术能力，但非常不喜欢他的对抗方式。罗伯茨说："比尔·盖茨是一个被宠坏了的孩子，这就是问题的所在。艾伦比比尔·盖茨更富于创造性，盖茨和我争来争去，但是一个好办法也拿不出来，可是艾伦能。他对我们公司还是有一些帮助，而比尔·盖茨只能是添乱。"有了艾伦从中斡旋，最初的合作才不至于破裂。

艾伦是一个喜欢技术的人，所以他专注于微软新技术和新理念。比尔·盖茨则以商业为主，销售员、技术负责人、律师、商务谈判员及总裁一人全揽了，共同的理想使得两位创始人配合默契。艾伦在研发BASIC语言和操作系统方面显示了充分的远见。正是对于技术上的敏感，艾伦才不断地向比尔·盖茨提出创办公司的要求，并一再鼓动比尔·盖茨退学创业。

因为艾伦的谦让性格使然，微软公司开办之初，比尔·盖茨在合作协定中获得了微软公司大部分的权益。在公司股份中，比尔·盖茨占60%，艾伦占40%。因为比尔·盖茨可以证明他在BASIC语言的最初开发中做了更多，而艾伦也认可这一点。不久以后，这种比例又进一步调整为64比36。但是，从股份的多少不能划分的是：比尔·盖茨和艾伦这个精干的创业团队，缺一不可。两个朝着软件业的顶峰共同迈进。

艾伦为比尔·盖茨制定了"先赢得客户，再提供技术"的公司发展战略。1981年，IBM的个人PC问世，急需一个配套操作系统。又是艾伦从西雅图计算机公司搞到了SCP-DOS程序的使用权，两人对该软件程序作了扩展改编，重新命名为MS-DOS，再返销给IBM。MS-DOS是微软开始走向世界软件业第一品牌的发家宝。

可以说艾伦是比尔·盖茨创业道路上最大的推动力。正是他拿着登有微型计算机研制成功的消息的杂志，去找比尔·盖茨，成功地说服了比尔·盖茨少打一些牌，而干点正经事。也正是艾伦对技术的痴迷使得全新的BASIC语言最终得以出现，使微软最终成为软件领域的巨人。也正是艾伦和比尔·盖茨研发的操作系统逼迫IBM后来不得不加入到个人电脑的战团中来。

"艾伦不是一个好的管理者，因为他优先考虑的不是业务，而是对技术本身的痴迷。"美国著名传记作家劳拉·里奇在这一点上也承认艾伦的重要作用："微软之所以能够被载入商业史册就是因为其操作系统的成功。"

1982年，艾伦在一次商业旅行中突然病倒，诊断结果表明有癌变的迹象，应立即进行化疗和放射性治疗。在患病期间，艾伦意识到自己无法给予比尔·盖茨所要求的时间与精力。1983年，时任微软副总裁的艾伦终于离开了蒸蒸日上的微软。三年后，当微软公开上市时，艾伦拥有的近40%的股票让他成为全球顶级富豪之一。

人并不一定要找最优秀的同伴，但一定要找志同道合的朋友做同伴，只有志同道合的朋友才能够鼓励和激励自己在理想的路上走得更远，而不会轻言放弃。

做人感悟

志同道合的朋友是值得交往的朋友，更是你成功路上不可缺少的帮手。

有的朋友不能与他合作

与朋友一起合作，对自己来说是一种机会。但并不是什么样的朋友都可以合作的。很多时候，我们常常被表象所迷惑，在与朋友合作后才看清对方的真面目。所以，要想事业能够成功，以下两种朋友是绝不可与之合作的：

第一，自以为是、刚愎自用型的朋友。

三国时代的马谡自认为从小熟读兵书，深知用兵之道，在守街亭时不听从副将王平的劝阻，执意要把营寨建在高山之上，结果被魏军团团围住，几次突围都没有成功，加上水源又被拦截，造成军心动摇，终被魏军击败，街亭失守。面对魏军的长驱直入，幸亏诸葛亮大智大勇，上演了一出空城计，方才转危为安。马谡的错误造成街亭失守，军纪不容，诸葛亮不得不挥泪斩马谡，从此，马谡一直就成为自以为是、刚愎自用的典型人物。

在当今社会中，像马谡这样自以为是、刚愎自用的人依然很多，只不过表现的形式有所不同罢了。这些人自认为自己比别人聪明，分析力比别人强，也不知道通过什么手段搞些钱，或是开空头支票，让你钻进圈套，与你进行所谓的合作，然后，他就发号施令起来，总以为自己的观点与看法都是最好的，当你对他的一点观点或看法提出不同的意见时，他常认为没有必要进行修改。对你的意见或建议，轻易地给予否决，自己又提不出更好的方法来。思维方法是以偏赅全、以点概面，偏激、固执，不易与人合作。当出现这种情况，你应断然与他分道扬镳。

金无足赤，人无完人。任何人都有优点与缺点，优点与缺点同时并存。对于一般的缺点与局限，在选择朋友时不能求全责备，要求对方十全十美。这在现实中是办不到的，因为你自己也不是十全十美的人。但对于具有上面所言的两种缺点与局限的人，你一定不能与他们合伙共事，因为这些缺点或错误是本质性的错误，是长期形成的，一时半刻也改不了了。

第二，追求有异、目的不同的朋友。

在朋友中，目标和追求可能是不一样的，有的人本性喜欢追求长期收益，有的人喜欢追求称心如意的年收入，还有的人喜欢追求专业性的挑战，又有一些人追求个人的名声与地位。如果对朋友的动机与目的考察得不仔细，势必让一群动机歧异的人混杂在一起，这对你的发展是极其不利的。精明的商人应该明察对方的内在动机与目标，并且慎重思考有进一步合作的可能的基础，才最终下决定。

做人感悟

与朋友合作要谨慎，尤其对初交的朋友更要抱有防范之心。必须认清对方的本来面目，对于上文中的那两种朋友，坚决不可以与之合作。

我们所责备的人，都会为自己辩护或进行反驳

罗斯福和塔夫特总统间著名的争论分裂了共和党，并最终促使艾森豪威尔进入了白宫；后者在世界大战中，留下了光辉的一笔，并改变了历史的进程。

当时的情形是这样的：

1908年，罗斯福离开白宫的时候，推举塔夫特做了总统，而他自己则远赴非洲去猎狮子。然而当他回来后，一切都不同了。罗斯福指责塔夫特，说他过于守旧，认为他有连任总统的野心。于是，罗斯福组织了"勃尔摩斯党"与其对抗，而这件事几乎让共和党从内部毁灭。最终，在那次选举中，塔夫特和共和党只获得了两个州的支持，这也成了共和党历史上最大

的一次失败。

罗斯福责备塔夫特，可塔夫特并未自责。他两眼含着泪水，对民众说："我不知道怎么样做，才能比现在做得更好。"

我们并不清楚到底是谁做错了，也不关心。不过这个故事中最关键的一点是：罗斯福批评了塔夫特的政策；然而塔夫特却不以为然，并极力为自己辩护，他认为自己"做得不错"。

励志大师卡耐基还讲述过铁夫特·顿姆的煤油舞弊案。这件事当年曾使整个舆论界为之震惊，并最终轰动全国。在人们的印象中，美国的公务系统，从未发生过这样的情形。然而这桩舞弊案的事实却是这样的：哈定总统任上的内政部长哈尔辛特·福尔，当时被政府委派到爱尔克山，主持铁夫特油田保留地的出租事务。那块油田，是政府预备留给未来海军储藏石油的保留地。

那么，福尔是不是公开投标呢？不，他没有。福尔把这份丰厚的合约干脆利落地交给了他的朋友——特海尼。作为交换，特海尼把那被他称为债款的10万美元给了这位福尔部长。为了防止其他公司靠近油田，分享爱尔克山的财富，福尔便用他那高压的手段，命令美国海军进驻那个地区，把滞留当地的竞争者赶走。

于是，原地上的商人，被枪杆和刀光赶走了，可是他们不甘心，便告上法庭，揭发了铁夫特油田高额的舞弊案。全国一片哗然，一致声讨。这件事影响之恶劣，几乎使当时的哈定政府垮台，共和党也遭到了严重的打击。此事最终以福尔被革职而了结。

因为此事，福尔被公众指责，那么他是否后悔了呢？不！根本没有！几年后，胡佛总统在一次公共演讲中暗示，哈定总统的死，是由于神经上的刺激以及过度忧虑所致，而这一切是因为他的一个朋友出卖了他。当时福尔的妻子也在座，听到此话后立刻从椅子上跳了起来，她失声痛哭，大声说："什么？哈定被福尔出卖？不，我的丈夫从未辜负过任何人，即使满满一屋的黄金，也不会令他心动。他是被别人所害，所以才走向刑场，被钉上十字架的。"

现在你明白了，人类的天性，就是习惯于先责备别人，而原谅自己，我们每个人都是如此。

做人感悟

当你们要开口批评别人的时候,就想想卡邦、克劳德和福尔这些例子。批评就像是养熟的鸽子,你抛出去它却会飞回来。我们要了解到,我们所责备的人,他们会为自己辩护,甚至还会反过来责备我们。

对人的态度多随和

以随和的态度与人相处,这种人会受人欢迎,赢得良好的人缘。

1915年,小洛克菲勒还是科罗拉多州一个不起眼的人物。当时,发生了美国工业史上最激烈的罢工,并且持续达两年之久。愤怒的矿工要求科罗拉多燃料钢铁公司提高薪水。小洛克菲勒正负责管理这家公司。由于群情激愤,公司的财产遭受破坏,军队前来镇压,因而造成了流血事件,不少罢工工人被射杀。

那样的情况,可说是民怨沸腾。小洛克菲勒后来却赢得了罢工工人的信服。他是怎么做的呢?

小洛克菲勒为人随和,他是个有平民思想的人,花了好几个星期结交工人朋友,并向罢工者代表们发表了一次充满人情味的演说。那次演说可称之不朽,它不但平息了众怒,还为他自己赢得了不少赞誉。演说的态度是随和的,内容如下:

"这是我一生当中最值得纪念的日子,因为这是我第一次有幸能和这家公司的员工代表见面,还有公司行政人员。我可以告诉你们,我很高兴站在这里,有生之年都不会忘记这次聚会。假如这次聚会提早两个星期举行,那么,对你们来说,我只是个陌生人,我也只认得少数几张面孔。由于上个星期以来,我有机会拜访整个南区矿场的营地,私下和大部分代表交谈过,我还拜访了你们的家庭,与你们的家人见了面,大家谈得很开心,让我懂得了许多道理。因而今天我站在这里,不算是陌生人,可以说是朋友了。基于这份互助的友谊,我很高兴有这个机会和大家讨论我们的共同利益。由于这个会议是由资方和劳工代表所组成的，承蒙你们的好意，我得以坐在这里。虽然我并非股东或劳工，但我深感与你们关系密切。从某种意义上说，我也代表了资方和劳工。"

由此出色而感人的演说，这可能是化敌为友的最佳的艺术表现形式之一，假如小洛克菲勒采用的是另一种强硬的态度，与矿工们争得面红耳赤，用不堪入耳的话骂他们，或用话暗示错在他们，用各种理由证明矿工的不是，那会是什么结果呢？可想而知，只会招来更多的怨恨和暴行。

做人感悟

态度随和是一种解决问题的良剂，它起到了通气化淤、阴阳平衡的作用。

用间接的方式委婉艺术地表达自己的想法

有一句古话说："不看你说的什么，只看你怎么说的。"同样一个意思，不同的人有不同的说法，不同的说法有不同的效果。卡耐基说，与人交流时，不要以为内心真诚便可以不拘言语，我们还要学会委婉艺术地表达自己的想法。一句话到底应该怎么说，其实很简单，你只要设身处地从他人的角度想想。

人际交往中的真诚不等于双方直接简单、毫无保留地相互袒露，它要求我们本着善意和理性，把那些真正有益于对方的东西系上美丽的红丝带送给对方。

1940年，处于前线的英国已经无钱从美国"现购自运"军用物资，一些美国人便想放弃援英，看不到唇亡齿寒的严重性。罗斯福总统在记者招待会上宣传《租借法》以说服他们，为国会通过此法成功地造设了舆论氛围。我们佩服他的政治远见和面临重重障碍也要坚持正确主张而说真话的坚定品格，也不得不叹服他高超的说话技巧。罗斯福并未直接指责这些人目光短浅（这样只能触犯众怒而适得其反），而是妙语连珠以理服人。他用通俗易懂的比喻，深入浅出，通情达理，轻松自如，贴近人心，使人不得不叹服：

"假如我的邻居失火了，在四五百英尺以外，我有一截浇花园的水龙带，要是给邻居拿去接上水龙头，我就可能帮他把火灭掉，以免火势蔓延到我家里。这时，我怎么办呢？我总不能在救火之前对他说：'朋友，这条管子我花了15美元，你要照价付钱。'这时候邻居刚好没钱，那么我该怎么办呢？我应当不要他15美元钱，我要他在灭火之后还我水龙带。要是火灭了，水龙带还好好的，那他就会连声道谢，原物奉还。假如他把水龙带弄坏了，他答应照赔不误的话，现在我拿回来的是一条仍可用的浇花园的水管，那我也不吃亏。"

美国前总统威尔逊曾说过："如果你想握紧了拳头来见我，我可以明白无误地告诉你，我的拳头比你握得更紧。但如果你想对我说：'我想和你坐下来谈一谈，如果我们的意见相左，我们可以共同找出问题的症结所在。'这样一来，我们都会感到我们之间的观点是非常接近的，即使是针对那些不同的见解，只要我们带着诚意耐心地讨论，相信我们不难找出最佳的解决途径。"

18世纪70年代初，北美13个殖民地的代表齐聚一堂，协商脱离英国而独立的大事，并推举富兰克林、杰弗逊和亚当斯等人负责起草一个文件。于是，执笔的具体工作，就历史性地落到了才华横溢的杰弗逊头上。

他年轻气盛，又文才过人，平素最不喜欢别人对他写的东西品头论足。他起草好《宣言》后，就把草案交给一个委员会审查通过。自己坐在会议室外，等待着回音。过于很久，也没听到结果，他等得有点不耐烦了，几次站起来又坐下去；老成持重的富兰克林就坐在他的旁边，唯恐这样下去会发生不愉快的事情，于是拍拍杰弗逊的肩，给他讲了一位年轻朋友的故事。

他说：有一位年轻朋友是个帽店学徒，三年学徒期满后，决定自己办一个帽店。他觉得，有一个醒目的招牌非常有必要，于是自己设计了一个，上写："约翰·汤普森帽店，制作和现金出售各式礼帽。"同时还画了一顶帽子附在下面。送做之前，他特意把草样拿给各位朋友看，请大家"提意见"。

第一个朋友看过后，就不客气地说："帽店"一词后面的"出售各式礼帽"语义重复，建议删去；第二位朋友则说："制作"一词也可以省略，因为顾客并不关心帽子是谁制作的，只要质量好、式样称心，他们自然会买——于是，这个词也免了；第三位说："现金"二字实在多余，因为本地市场一般习惯是现金交易，不时兴赊销；顾客买你的帽子，毫无疑问会当场付现金的。这样删了几次以后，草样上就只剩下"约翰·汤普森出售各式礼帽"和那顶画的帽样了。

"出售各式礼帽？"最后一个朋友对剩下的词也不满意，"谁也不指望你白送给他，留那样的词有什么用？"他把"出售"划去了，提笔想了想，连"各式礼帽"也一并"斩"掉了。理由是"下面明明画了一顶帽子嘛！"

等帽店开张、招牌挂出来时，上面醒目地写着"约翰·汤普森"几个大字，下面是一个新颖的礼帽图样。来往顾客，看到后没有一个不称赞这个招牌做得好的。

听到这个故事，自负、焦躁的杰弗逊渐渐平静下来——他明白了老朋友的意思。结果，《宣言》草案经过众人的精心推敲、修改，更加完美，成了字字金石、万人传诵的不朽文献，对美国革命起了巨大的推动作用。关于起草者的这个故事，也因此而流传下来。

做人感悟

说服别人时，如果直接指出他的错误，他常常会采取守势，并竭力为自己辩护。因此，最好用间接的方式让对方了解应改进的地方，从而让他达到转变的目的。

获得好感的好方法就是牢记别人的姓名

吉姆法里从来没有进过一所中学，但是在他46岁之前，已经有四所学院授予他荣誉学位，并且成了民主党全国委员会的主席、美国邮政总局局长。他成功的秘诀在哪里呢？原来，他有一种记住别人名字的惊人本领。

一次，卡耐基去访问他，向他请教："据说你可以记住1万个人的名字。"

"不，你弄错了，"吉姆法里说，"我能叫出5万个人的名字。我在为一家石膏公司推销产品的时候，学会了一套记住别人名字的方法。"

吉姆法里说，这是一个极其简单的方法。他每当新认识一个人，就问清楚他的全名、家里的人口，以及干什么行业、住在哪里。他把这些牢牢地记在脑海里。即使一年以后，他还是能够拍拍别人的肩膀，询问他太太和孩子的情况。难怪有这么多拥护他的人！

吉姆法里说："记住人家的名字，而且很轻易地叫出来，等于给别人一个巧妙而有效的赞美。因为我很早就发现，人们对自己的姓名看得惊人的重要。"

或许，这就是吉姆法里成为邮政局长的奥秘之一。他看到了人性的一个弱点：对自己的名字是如此重视。不少人拼命地不惜付出任何代价使自己的名字永垂不朽。且看两百年前，一些有钱的人把钱送给作家们，请他们给自己著书立传，使自己的名字留传后世。现在，我们看到的所有教堂，都装上彩色玻璃，变得美轮美奂，以纪念捐赠者的名字。不言而喻，一个人对他自己的名字比对世界上所有的名字加起来还要感兴趣。

卡耐基指出，记住对方的名字，并把它叫出来，等于给对方一个很巧妙的赞美；反之，若是把他的名字忘了，或写错了，你就会处于非常不利的境地。

安德鲁·卡内基被称为钢铁大王，但他自己对钢铁的制造懂得很少。他手下有好几百个人，都比他更了解钢铁。可是他知道怎样做人处世，这就是他发大财的原因。他小时候，就表现出很强的组织才华和领导才能。当他10岁的时候，他就发现人们对自己的姓名看得很重要。而他正是利用这个发现，去赢得了别人的合作。

他孩提时代住在苏格兰。有一次，他抓到一只兔子，那是一只母兔。他很快又发现了一整窝的小兔子，但没有东西喂它们。于是，他想出一个很妙的办法。他对附近的那些孩子们说，如果他们找到足够的苜蓿和蒲公英喂饱那些兔子，他就以他们的名字来替那些兔子命名。

这个方法太灵验了，卡内基一直忘不了。好几年之后，他在商业界利用这一同样的人性的弱点，赚了好几百万美元。

当卡内基和乔治·普尔门为卧车生意而互相竞争的时候，这位钢铁大王又想起了那个兔子的故事。

卡内基控制的中央交通公司，正在跟普尔门所控制的那家公司争生意。双方都拼命想得到联合太平洋铁路公司的生意，你争我夺，大杀其价，以致毫无利润可言。卡内基和普尔门都到纽约去见联合太平洋的董事长。有一天晚上，两人在圣尼可斯饭店碰头了。卡内基说："晚安，普尔门先生，我们岂不是在出自己的洋相吗？"

"你这句话怎么讲？"普尔门想知道。

于是，卡内基把他心中的话说出来——把他们两家公司合并起来。他把合作而不互相竞争的好处说得天花乱坠。普尔门注意地倾听着，但是他并没有完全接受。最后，他问："这个新公司要叫什么呢？""以你的名字命名怎么样？"结果，他们达成了协议。

安德鲁·卡内基这种记住并重视自己朋友和商业人士名字的方法，是他领导才能的秘密之一。他以能够叫出公司许多员工的名字为骄傲。他很得意地说，当他亲任主管的时候，他的钢铁厂未曾发生过罢工事件。

做人感悟

获得别人好感的既简单又重要的方法，就是牢记别人的姓名。善于记住别人的姓名，既是一种礼貌，又是一种情感投资。姓名是一个人的标志，人们由于自尊的需要，总是最珍爱它，同时也希望别人能尊重它。在人际交往中，记住别人的姓名可谓小事一桩，但往往能收到超乎寻常的效果。

一句普普通通赞美的话有时会收到意想不到的效果

卡耐基指出："一句普普通通的赞美有时可以改变一个人的一生。"不管是普通人也好，还是一个伟大的人，都希望听到别人的一句赞美的话。赞美不是虚伪的奉承，不是夸大其词的吹捧，赞美也不是一味地宽容；赞美是真诚的鼓励，赞美是对别人的鞭策。一句真诚的赞美可以激励一个人的一生，可以使他成就一番事业；一句不经意的讽刺、挖苦之言，有时会毁掉一个人的一生。

作为老师，应该用显微镜一样的眼睛发现学生的优点，善于、赞美鼓励学生，一句赞美的话有时会收到意想不到的教育效果。让我们都学会赞美，学会赞美学生、赞美自己的亲人、孩子，赞美同事，赞美我们身边的每一个人。这样，我们的社会将变得更加美好！

卡耐基之所以这样看重赞美的作用，和他小时候的成长经历是有密切关系的。

卡耐基小时候是一个公认的坏男孩。在他9岁的时候，父亲把继母娶进家门。当时他们还是居住在乡下的贫苦人家，而继母则来自富有的家庭。

父亲一边向继母介绍卡耐基，一边说："亲爱的，希望你注意这个全郡最坏的男孩，他已经让我无可奈何。说不定明天早晨以前，他就会拿石头扔向你，或者做出你完全想不到的坏事。"

出乎卡耐基意料的是，继母微笑着走到他面前，托起他的头认真地看着他。接着，她回来对丈夫说："你错了，他不是全郡最坏的男孩，而是全郡最聪明最有创造力的男孩。只不过，他还没有找到发泄热情的地方。"

继母的话说得卡耐基心里热乎乎的，眼泪几乎滚落下来。就是凭着这一句话，他和继母开始建立友谊。也就是这一句话，成为激励他一生的动力，使他日后潜心于研究成功学和人际关系，帮助千千万万的普通人走上了成功和快乐的道路。

在继母到来之前，没有一个人称赞过他聪明，他的父亲和邻居认定：他就是坏男孩。

但是，继母就只说了一句话，便改变了他一生的命运。

卡耐基14岁时，继母给他买了一部二手打字机，并且对他说："相信你会成为一名作家。"卡耐基接受了继母的礼物和期望，并开始向当地的一家报纸投稿。他了解继母的热忱，也很欣赏她的那股热忱。他亲眼看到她用自己的热忱，如何改变了他们的家庭。所以，他不愿意辜负她。

来自继母的这股力量，激发了卡耐基的想象力，激励了他的创造力，帮助他和无穷的智慧发生联系，使他成为美国著名的成人教育学家，成为20世纪最有影响的人物之一。

在卡耐基的教学和写作中，他总是非常重视赞美的作用和技巧。

在卡耐基教学课程中，有位来自匹兹堡的学生，他叫比西奇。比西奇在上课过程中似乎显得特别的笨，在每个方面都似乎差人一等。因此，他感到很沮丧。

他终于带着失望的心情来到卡耐基的办公室，对卡耐基说：

"卡耐基先生，我想退学。"

"为什么？"卡耐基奇怪地问。

"我……我感觉比别人笨多了，根本学不会你的教程。"

"我觉得不是这样的，比西奇！"卡耐基说，"在我的感觉中，这半个月来，你比以前进步明显得多，在我的心目中，你是个勤奋而又成功的学生。"

"真的是吗？"比西奇略带惊喜地问。

"真的是这样的！照着这样发展，到毕业时，你一定会取得优异成绩的。"

卡耐基继续说："在我小时候，人们都认为我是个笨孩子，那时的我是多么的忧郁！后来，我摆脱了忧郁，同时也摆脱了'笨'，你比我当年强多了。"

听了这番话后，比西奇内心深处升起了希望。他凭着自己的努力和卡耐基先生的激励，终于学完了全部教程，毕业时成绩虽不很优异，但也足以让人刮目相看了。

比西奇毕业后，回到家乡，开了一家小小的肉联厂。开厂之初，进展并不顺利，卡耐基继续写信鼓励和夸奖他：

"我觉得你办肉联厂的念头相当不错，这是个很有前途的机会，你一定会因自己的努力而获得巨大成功的。"

比西奇收到这些信后，非常的感动，他同时也将这夸奖的艺术用于自己的雇员，没想到收效很大。在经济大萧条时代，整个美国都面临着挨饿的危机，人们四处求职谋生，争取仅有的面包和土豆。

比西奇开的肉联厂虽然也受到了经济危机的冲击，生意遭挫，但在那个年代里，他既能保持住肉联厂的生意，又可让雇员们拿到足够的工资，这不能不算是个奇迹。

比西奇后来回忆说，肉联厂之所以在经济萧条的时候存在：一是和自己及雇员兢兢业业的敬业精神有关；二是他运用了卡耐基的夸奖技巧，使自己和工人们连成一条心，厂子因而得以生存。

做人感悟

<u>卡耐基指出：赞许别人的实质，是对别人的尊重和评价，也是送给别人的最好礼物和报酬。</u>

在生活中随时随地都可以赞美别人

人类本性最深的需要是渴望别人的欣赏。因此，我们要夸奖别人，一定要多夸奖别人。即使是用最普通最平常的语言夸奖别人，对于你来说，是平常又平常的事；但对于别人来说，意义却非同凡响。它可以使别人愉悦，使别人振奋，甚至可能因为这句话而改变自己的一生。

要真诚地赞美别人，永远使对方觉得自己重要！要知道，使自己变成重要人物，是每个人的欲望。

夸奖别人有两种方式：从小方面着手或从大方面着手。卡耐基特别强调指出，夸奖别人可以从一些小事进行，不一定给予壮志凌云般的鼓励，在小方面夸奖别人是一种重要的交际手段，可以从各方面进行。

例如，参加一个朋友的宴会，你可以夸奖忙得不亦乐乎的主妇："你的菜炒得真好吃。你看，这么一大桌菜，几个人一下子便吃完了。"

那位主妇马上觉得自己的劳动成果有人欣赏和赞美，一天的疲劳立刻消失；同时，下次宴请你时，她会表现得更加卖力。

如果你是老板，下属工作完成得很出色，你可不要吝啬溢美之词。一句肯定的话，会激发十倍的工作热情。比如，你可以这样说："你做得很好。""你真的令我印象深刻。""你是本公司的重要财富。"

如果你的下属连夜赶写一篇文章给你过目，如果写得很好，你不妨直接大胆地赞美："你的文章写得很棒！"即使可能他的文章略为逊色，也不妨赞美他几句。这样会让他觉得你是一个能够信任他、重用他的好上司。

如果你接受了同事的帮助，或是被请了一顿饭，你可以这样说："你帮了我的大忙。""这是我这么长时间以来吃到过最好吃的饭。""这顿饭太棒了。"

千万要记住：人是喜欢被人夸奖，被人欣赏和赞美的。当别人一夸到他比别人更强或某方面做得特别的好，那他一定会变得乐不可支的。

一天，卡耐基到纽约的一家邮局寄信，发现那位管挂号信的职员对自己的工作很不耐烦。于是，他暗暗地对自己说："戴尔，你要使这位仁兄高兴起来，要他马上喜欢你。"同时，他又想："要他马上喜欢我，必须说些关于他的好听的话。而他，有什么值得我欣赏的呢？"非常幸运，卡耐基很快就找到了。

轮到那位职员称卡耐基的信件时，卡耐基看着他，很诚恳地对他说："你的头发太漂亮了。"

那位职员抬起头来，有点惊讶，脸上露出了无法掩饰的微笑。他谦虚地说："哪里，不如从前了。"

卡耐基对他说："这是真的，简直像是年轻人的头发一样！"

他高兴极了。于是，他们愉快地谈了起来。

当卡耐基离开时，那位职员对他说的最后一句话是："许多人都问我究竟用了什么秘方，其实它是天生的。"

事后，卡耐基说："我敢打赌，这位朋友当天走起路来一定是飘飘欲仙的。我敢打赌，晚上他一定会跟太太详细地叙说这件事，同时还会对着镜子端详一番。"

卡耐基把这件事说给一位朋友听，朋友问他："你为什么要这样做？你想从他那里得到什么呢？"

卡耐基回答道："是的，我想要得到什么呢？我什么也不要。如果我们只图从别人那里获得什么，那我们就无法给人一些真诚的赞美，那也就无法真诚地给别人一些快乐了。

"如果一定要说我想得到什么的话，告诉你，我想得到的只是一件无价的东西。这就是我为他做了一件事情，而他又无法回报我；过后很久，在我心中还会有一种满足的感觉。"

你不必等到当了驻法大使或某某委员会主席，才应用这种赞赏别人的哲学。你每一天都可以把它派上用场，并获得应有的效果。

卡耐基说："如何做？何时做？何处做？回答是：随时随地都可以做。比如，我在饭店点的是法式炸洋芋，可是，女侍者端来的却是洋芋泥，我就说：'太麻烦您了，我比较喜欢法式炸洋芋。'她一定会这么回答：'不，不麻烦。'而且会愉快地把我点的菜端来。因为我已经表现出了对她的尊敬和重视。"

做人感悟

让别人心花怒放，自然会事事顺畅。

赞美别人一定要由衷、诚恳

卡耐基提醒我们：夸奖别人最忌讳的是，用不很诚意的态度说出敷衍的话。例如，你看到你的女友今天穿了一件新衣服，你只说了句："你的衣服很好看。"那是完全不够的，你不妨加上："这衣服配你的肤色特别好看！""你买这种新衣服特别有眼光！"等随兴发挥的话，那一定会把你的女友逗得咯咯地笑，并且柔顺得像只小猫。

卡耐基发现，诚恳的赞赏，是洛克菲勒对待人的一个成功的秘诀。例如有这样一件事，当他的一个伙伴倍德福，因为措施失当，在南美做错了一宗买卖，而使公司亏损了100万元。洛克菲勒了解情况后，对他并没有任何批评或指责。

洛克菲勒知道倍德福已尽了最大的努力，同时这件事情已告结束。所以，他决定尽量找些可称赞的事情来。他恭贺倍德福，幸而保全了他投资金额的60%。洛克菲勒这样说："那已经不错了，我们做事不会每一件都是称心如意的。"

齐格飞，这位闪耀于百老汇，最有惊人成就的歌舞剧家。他由于有使一个平庸的女子变得光彩夺目而出名。他屡次把人们不愿意多看一眼、很不出色的女子，改变成在舞台上一神秘诱人的尤物。

齐格飞很实际，他增加歌女们的薪金，从每星期30美元到175美元。他也重义气，在福利斯歌舞剧开幕之夜，他发出贺电给剧中明星，并且赠与每一个表演的歌女一朵美丽的玫瑰花。

当年,"爱尔法利特·仑脱"在"维也纳的重合"剧中担任主角的时候,曾经这样说过:"我最需要的东西,是我自尊的滋养。"

我们照顾了孩子、朋友,和员工们体内所需要的营养,可是我们给他们自尊上所需要的营养却又何等稀少。

我们给了他们牛排、马铃薯等食物,培植他们的体力,可是忽略了给他们赞赏,和那些温和的语言。

有些人可能会这样说:"这是老套,恭维,阿谀,拍马屁,我都已尝试过了,一点也没用,这些对受过教育的知识分子是没有用的。"当然,拍马屁那一套,是骗不了明白人的。那是肤浅,自私,虚伪的,那应该失败,而且经常要失败。可是,生活中太多的人对于赞赏——出于内心的赞赏,简直太需要了。

有这样一个例子:屡次结婚的狄文尼兄弟俩,为什么在婚姻方面,会有如此炫耀的成功?为什么这两位所谓"公子哥儿"的狄文尼兄弟,能与两位美丽的电影明星,和一位著名的歌剧主角,和另外一位拥有数百万家产的哈顿结婚?那是什么原因?他们是怎么做的?

圣约翰在自由杂志中,曾这样说:"狄文尼对女人的魅力,在许多年来,是人们心里的一个谜。"他又说:"妮格雷这女人能识别男人,也是一位艺术家,有一次她向我解释说:他们了解恭维、谄媚的艺术,比我所看到其他所有人的都成功。这恭维的艺术,在这真实幽默的时代中,几乎是一件给人忘了的东西,狄文尼对女人的魅力,或许就在这上面了。"

卡耐基指出:"赞赏和谄媚是有本质区别的。"赞赏是出于真诚,而谄媚是虚伪的;一个出于内心,一个出于嘴里;一个是不自私的,一个是自私的;一个是为人们所钦佩的,一个是令人不耻的。

如果我们所要做的,就是用恭维、谄媚,那么任何人都可以学会,都可以成为"人类关系学"的专家了。当我们不在思考某种确定的问题时,常用我们95%的时间去思考自己。而现在如果停止一刻不去想我们自己,开始想想别人的优点,我们就不必措辞卑贱、虚伪,在话未说出口时,已可以发觉是错误的谄媚了。

爱默生说:"凡我所遇到的人,都有胜过我的地方,我就学他那些好的地方。"爱默生这样的见解,是非常正确,是值得我们重视的。

做人感悟

要学会停止思考我们自己的成就和需要，去研究别人的优点，把对人的恭维、谄媚忘掉；而是给予人由衷、诚恳的赞赏。只有对别人献出你真实、诚恳的赞赏，才是真正赢得别人好感的真谛。

适时给别人喝彩和掌声

希望得到他人的喝彩、掌声，是每个人正常的心理需要。一个成功的上司、管理者会努力用心满足下属的这份心理需求，鼓励下属发挥创造精神，为下属喝彩，"你做得不错，你做得很好，你一定会更好……"而最终获益的一定是他自己，他的员工会为他创造业绩和价值。反之，一个专爱挑下属毛病、常常发威震慑下属的上司，也许真的能够挫败他的部下，可是，一头盛怒的狮子领着一群软弱的绵羊，又如何能创造出什么事业呢？

《人性的弱点》中有这么一段话：

美国钢铁大王史考博说："我认为，我能使员工振奋自信的能力，是我拥有的最大资产。而令一个人发挥他最大潜能的方法，是赞赏和鼓励，是掌声和喝彩。再也没有什么比上司的批评更能抹杀一个人的雄心。……我赞成鼓励别人工作。因此我急于称赞，而讨厌挑错。我愿意诚挚地嘉许，宽容地称道。"

短短几句话，原来就是成功的秘诀。中国人比较含蓄，很多时候觉得讲一句赞美的话很肉麻，而突然为身边的人鼓掌、喝彩则很突兀，但其实，有些话一定要说出来，有些动作一定要做出来，对方才能感觉得到，而不能老是在心里默默地赞赏一个人，那样，对方可能永远不知道你是欣赏他的，自己是优秀的。

史考博还说过："我在世界各地看见很多大人物，还没有发觉任何人——不论他多么了不起，多么伟大，地位身份多么崇高——不是在被赞许的情况下，比在被批评的情况下工作效率更高、更卖力气、心情更愉快。"

看见了吗，不仅上司可以为下属喝彩，其实下属也可以为上司鼓掌，因为任何人在被鼓励的时候，心情都会变得欢欣鼓舞，这会令一个团队的气氛不知不觉中变得融洽，上下一心，而你再也不用担心自己和上司之间的人际关系问题。我们常常听到这样的议论："工作干得越多错误越多。"潜台词就是：为了避免错误，最好的办法是不做或少做工作。这正是批评的后果。而鼓励则像开发宝藏，员工身上的一个闪光点会被无限放大，变为炫目的光辉，从而最终这一切都变成事业上的成功。

要知道，任何人或多或少都有长处，也必然都有短处。有的主管曾顾虑，如果一直友善地鼓励员工，会失去威慑力。其实，他大可放心，因为给员工鼓励反映的恰恰是主管的风度，不但不会有损他在下属眼中的威信，还会提升他在员工心中的威信。而反过来，如果员工总是得不到喝彩和掌声，长此以往，不但不会给企业带来效益，还可能彻底失去积极性。

上司可以给员工一些喝彩和掌声，让员工增强工作的信心。事实上，员工需要成长、成功，企业也需要成长、成功，当上司激励员工的时候，员工自然会更卖力地认真做好自己的工作，产生更多对企业的责任感，与企业一起成长、成功。

要切记，赞美不是恭维，这两者的本质区别在于真诚与否。一个出自内心，一个出自牙缝；一个给人激励，一个令人肉麻。所以说，喝彩和鼓掌不能掺假。从别人身上发现闪光点，尤其面对所谓失败的时候，更应该善于看见积极的方面来进行鼓励。把你的注意力集中到"被球击倒的那8只瓶"上，而不是没击倒的那2只，不然很可能出现"破罐子破摔"的现象。

做人感悟

我们应该适时给予身边的人一些鼓励，一句肯定的话，一个善意的微笑，一声喝彩，一次掌声，可不要小看这些小细节，它不仅可以唤起对方的信心、激情，还可能改变他对待人生的态度，对待工作的观念，甚至改变他的命运。而我们本身也时刻生活在一个共同建筑的大环境下，当你经常地、习惯性地拿出你的喝彩声和鼓掌声，有一天，你也会得到同样的嘉许，而你的人生也将从此变得与众不同！

满足对方的欲望

无论是圣贤哲人还是凡夫俗子，每个人都有缺点，都有被人利用的弱点。为人处事，你掌握了对方的弱点而利用之，处理问题或求人办事就可以被对方认可与接受。这是一种主动出击的战术，一切都将得心应手，称心如意，但是要利用得恰到好处。

人们无时不在为名而生存，无时不在为利而生存。世间有为名甚于为利的人，有为利甚于为名的人，有既为名又为利的人。有名义上是为名，实际上为利的人，有名义上是为利，实际上是为名的人。你需要做到精到细致的观察，使利用的技巧恰到好处，不留痕迹。

自从汉二年（公元前205年）五月开始，楚、汉在荥阳一带展开拉锯战，谁也没有占到多大优势。于是双方约定，以鸿沟为界，中分天下，其西归汉，其东归楚。

汉四年九月，项羽解围东撤，刘邦也要引兵西归。张良充分认识到此时的项羽因刚愎自用，到了众叛亲离、捉襟见肘的地步。于是，张良、陈平二人同谏刘邦，希望他趁机灭楚，免得养虎遗患。刘邦从谏，亲自统率大军追击项羽，另外派人约韩信、彭越合围楚军。

汉五年十月，汉军追到一个叫固陵的地方，却不见韩信、彭越二人前来驰援。项羽回击汉军，刘邦又复败北。刘邦躲在山洞中，不胜焦躁，询问张良道："诸侯不来践约，那将怎么办？"张良是一位工于心计的谋略家，他时刻关注着几个影响时局的重要角色的一举一动，探索着他们心灵深处的隐秘，并筹划着应对之策。

当时，虽然韩信名义上是淮阴侯，彭越是建成侯，实际上却只是空头衔，没有一点实权。因此，张良回答刘邦道："楚兵即将败亡，韩信、彭越虽然受封为王，却未有确定疆界，二人不来赴援，原因就在于此。你若能与之共分天下，当可立招二将。若不能，成败之事尚无法预料。我请你将陈地至东海的土地划给韩信，睢阳以北到谷城的土地划归彭越，让他们各自为战，楚军将会很容易被攻破。"刘邦一心要解燃眉之急，遂听从了

第六篇 ◆ 友情也需要经营

张良的劝谏，不久，韩信、彭越果然率兵来援。十二月，各路兵马会集垓下。韩信设下十面埋伏，与楚决战。项羽兵败，逃到乌江自刎。长达四年之久的楚汉战争，以刘邦的胜利而告终。

在处理韩信、彭越索要实惠这件事情上，张良做得十分周到，也充分利用了人性的弱点——好名、好利。划归一些封地给他们，就满足了他们的心愿，使他们各自为战，尽力而战。

人没有不自私的，与其让他为你办事，不如让他为自己办事。后者比前者的成功率要高得多。

周文王在渭水的北岸见到了正在直钩钓鱼的姜太公，太公说，用人办事的道理和钓鱼有点相似之处：一是禄等以权，即用厚禄聘人与用诱饵钓鱼一样；二是死等以权，即用重赏收买死士与用香饵钓鱼一样；三是官等以权，即用不同的官职封赏不同的人才，就像用不同的钓饵钓取不同的鱼一样。姜太公接着说："钓丝细微，饵食可见时，小鱼就会来吃；钓丝适中，饵食味香时，中鱼就会来吃；钓丝粗长，饵食丰富时，大鱼就会来吃，鱼贪吃饵食，就会被钓丝牵住；人食君禄，就会服从君主。所以，用饵钓鱼时，鱼就被捕杀；用爵禄收罗人时，人就会尽力办事。"

做人感悟

在生活中，如果我们想成功地得到他人的帮助，我们就要站在他人的立场来看问题，并且满足对方的需要。如果从别人的立场去考虑问题，我们会赢得更多的朋友。

背地里不做亏心事

《诗经》中有首诗，翻译过来的意思是，如果没有做什么有愧于人的事，那么对于上天也没有什么可怕的。也就是说，做人应上不愧于天，下不愧于地，中不愧于人。

日本经营之神松下幸之助曾经说："盲人的眼睛虽然看不见东西，却很少受伤，反倒是眼睛好好的人，动不动就跌跤或撞倒东西。这都是自恃眼睛看得见，而疏忽大意所致。盲人走路非常小心，一步步摸索着前进，脚步稳重，精神贯注，像这么稳重的走路方式，明眼人是做不到的。人的一生中，若不希望莫名其妙地受伤或挫折，那么，盲人走路的方式，就颇值得引以为鉴。前途莫测，大家最好还是不要太莽撞才好。"

松下对下属说这段话的主要目的是，要求人们凡事三思而后行，谨言慎行，该进则进，不该进就要退。人生的舞台是旋转的，不定的，我们应该慎重选择自己的路，走好每一步，堂堂正正、光明正大地为人处世，朝着既定的目标前进。

一个美国游客到泰国曼谷旅行，在货摊上看见了一种十分可爱的小纪念品，他选中3件后就问价钱。女商贩回答是每件100铢。美国游客还价80铢，费尽口舌讲了半天，女商贩就是不同意降价，她说："我每卖出100铢，才能从老板那里得到10铢。如果价格降到80铢，我什么也得不到。"

美国游客眼珠一转，想出一个主意，他对女商贩说："这样吧，你卖给我60铢一个，每件纪念品我额外给你20铢报酬，这样比老板给你的还多，而我也少花钱。你我双方都得到好处，行吗？"

美国游客以为这位泰国女商贩会马上答应，但只见她连连摇头。见此情景，美国游客又补充了一句："别担心，你老板不会知道的。"

女商贩听了这话，看着美国游客，更加坚决地摇头说："佛会知道。"

美国游客一时哑然。他为了达到自己的目的，就像钓鱼一样，设了一个诱饵，但女商贩并不上钩，关键在于她深深懂得：商人必须讲究商业道德，正经钱可赚，昧心钱不可得；别人能瞒得住，但良心不可欺。

做人处事的道理和经商的道理是相通的。"认认真真做事，清清白白做人。"这前一句话几乎包含了各种层面的人生活动，比如做官、种田、经商、打工等，后一句则强调，无论做什么事，都要"对得起天地良心"，于人于己问心无愧，无论处于何种人生情境，无论是别人知道还是别人不知道，做人都要珍视"人"这个崇高的称号，必须保持个人品德的纯洁无瑕。

利用别人不知道而欺骗别人是一种最大的不道德。《后汉书》中记载了一则"杨震四知"的故事。东汉时期，杨震奉命出任东莱太守，中途经过昌邑时，昌邑县令王密是由杨震推荐上来的。这天晚上，王密拿着10斤黄金来拜见杨震，并献上黄金以感谢他往日的提拔。杨震坚决不收。王密说："黑夜没有人知道。"杨震却说："天知、地知、你知、我知，怎么说没有人知道呢？"

为了不做对不起他人的事，在行动之前，要审查自己的良心，是不是缺失了。在行动中，让良心起调整和监督作用；在行动后，良心对行动的后果进行评价和反省。"人无一内愧之事，则天君泰然，此心常快足宽平，是做人第一自强之道，第一寻乐之方，守身之先务也。"记住曾国藩这句话，对你做人处世大有益处。

做人感悟

你无愧于人，对方自然对你信任，你何愁不被人接纳与认可呢？这是一种积极的进取。反而，如果瞒着人做了亏心事，虽然得到了便宜，但实际上却是一种境界的倒退。

朋友的成果不可占

当有人抢占你的成果时，你可以采取先退后进的方式把事情摆平。所谓退，你要掌握证据，有了证据你可以设法让其恶行曝光。我有位朋友名叫文军，他刚进一家公司时，为了得到办公室主管的认可，他几乎成了工作狂，并常常能想出很多新颖实用的点子来。他的第一次策划就得到了主管的表扬。主管的嘉奖让他更加自信。

文军的同事小张是他自认为最好的朋友，当文军忙得天昏地暗时，小张会适时地递上一杯咖啡；文军加班时小张又会送来盒饭；当文军的两只手恨不得当八只手用的时候，小张总是主动帮文军打印好需要的材料。小张就是这样在一点一滴的小事中感动着文军。

一次，文军很满意地完成了一项策划，上交给主管。谁知第二天主管找到他，说："文军，我本来很看重你的才华和敬业精神，想不出新点子也没什么，但你不该抄袭其他同事的创意。"主管见文军一脸惊讶，就递给他一份策划书。文军一看，天哪，竟然与自己的策划惊人地相似，而策划署名张某某。

面对主管的不满和好朋友小张的策划文本，文军哑口无言，因为他没有任何证据证明自己的清白。后来他终于等到了机会，他接了一个很重要的任务，比平时更忙碌，他从自己设计的多种方案中筛选出两个方案，做出 A、B 两份策划书，明里小张还是经常主动帮助文军做 A 方案的策划书，但暗地里文军已把 B 策划书做好交给了主管，并请主管配合他先不要说出去。果然，不久同事小张交上一份和 A 方案颇为相似的策划稿，明白真相后的主管非常恼火，请小张另谋高就。如果不足文军精明，到最后走人的可能就是他自己。

朋友的成果占不得，而成人之美却是一种高超的交际艺术，当你为别人提供了露脸的机会，使别人的虚荣心得到满足，反过来别人也会设法为你提供方便；乐于成人之美的人总能得到别人的帮助和配合。

英国博物学家达尔文，在 1839 年就已经形成了进化论的观点，并陆续写成了手稿，他没有急于付印发表，而是继续验证材料，补充论据。这个过程，长达 20 年。

1858 年夏初，正当达尔文准备发表自己的研究成果时，突然收到马来群岛从事考察研究的另一位英国博物学家华莱士所写的题为《记变种无限地离开其原始模式的倾向》的论文，其内容跟达尔文正准备脱稿付印的研究成果一样。

在这个关系到谁是进化论创始人的重大问题上，达尔文准备放弃自己的研究成果，把首创权全部归华莱士，他在给英国自然科学家赖尔博士的信中说："我宁愿将我的全书付之一炬，而不愿华莱士或其他人认为我达尔文待人接物有市侩气。"

深知达尔文研究工作的赖尔坚决不同意达尔文这样做。在他的坚持和劝说下，达尔文才同意把自己的原稿提纲和华莱士的论文一齐送到"林奈学会"，同时宣读。

华莱士这才得知达尔文先于他 20 年就有了这项科学发现，他感慨地说："达尔文是一个耐心的、下苦功的研究者，勤勤恳恳地收集证据，以证明他发现的真理。"他宣布:"这项发现本应该单独归功于达尔文,由于偶然的幸运我才荣膺了一席。"

正是达尔文善于成人之美的行为,才换来了华莱士对达尔文的莫大尊敬。

做人感悟

其实在你帮助别人、成人之美的同时,无意识地为自己营造了一个良好的人际环境,只要机会一来,你的成功将是惊人的。

优势互补才能彼此互惠

在与朋友的交往中,人们常常受方位的邻近性、接触频率的高低性和意趣的相合性影响,使得交往的领域变得十分狭窄。

其实,决定交往对象范围的主要因素,应该是"需要的互补性"。如果你发现自己某方面个性有缺陷而又对某人这方面的良好个性十分羡慕和敬佩的话,那么你为什么不可以而且应当主动找他谈谈,用自己的感受与苦衷去引发他的体会与经验呢?如果你觉得自己与某人的长短之处正好互补的话,为什么不可以通过推心置腹的交往来各取人长,各补己短呢?

选准对象,抓住时机,主动"出击",以己之虚心诚意去广交朋友,这对博采众长,克己之短,完善自我是很有好处的。这一点在与朋友的共事上十分重要。

著名的微软公司在用人上有一个特别重要的成功因素——注重互补性。这在微软创业团队中的另外一个传奇人物身上体现得十分突出。这个人在微软的早期并不是特别重要的人物,但现在他却是微软公司的首席执行官——史蒂夫·鲍尔默。他同样是比尔·盖茨的同学,是比尔·盖茨在哈佛大学同一层宿舍楼的好朋友。1974年,18岁的鲍尔默在哈佛读二年级时,认识了同楼里一个瘦瘦的红头发学生盖茨。对数学、科学和拿破仑的激情使他们成了神交，鲍尔默和盖茨搬进同一个宿舍，起名为"雷电房"。

1980年，即比尔·盖茨创建微软的第六个年头，比尔·盖茨聘请小自己一岁的好朋友鲍尔默担任总裁个人助理，也就是他自己的助理。在比尔·盖茨的游艇上以5万美元的年薪和7%股份的合同聘用了鲍尔默。当时微软才16名员工。鲍尔默是第17位员工。鲍尔默成为微软第一位非技术的受聘者。从此，鲍尔默就开始了他在微软至今已长达23年的激动人心的创业生涯。

鲍尔默是早期微软公司中唯一的一个非技术出身的员工。他对计算机没有兴趣，也不具备基础技术知识。但他与比尔·盖茨一样对数学都有着共同的兴趣。鲍尔默与比尔·盖茨不同的是，他善于社交。鲍尔默穿梭于哈佛的每一个角落，他似乎认识哈佛的每一个人。鲍尔默有句口号："一个人只是单翼天使，只有两个人抱在一起才能飞翔。"

接下来，这位"救火队长"几乎在所有部门——招聘培养高素质的管理人员，管理重要的软件开发团队，同英特尔和IBM等重要伙伴打交道，控制公司的营销业务并建立了庞大的全球销售体系。身材魁伟、习惯咬指甲、大嗓门儿、工作狂的鲍尔默的天赋之一就是激励才能。性格狂躁的他与性格偏内向的比尔·盖茨成为完美搭档：那些与鲍尔默进行过谈判或是完全进行对抗的竞争对手，都了解他的强人作风。

在微软成长为一家大公司之前，比尔·盖茨事必躬亲，不管是工资单、计算税利、草拟合同、指示如何销售微软的产品都是他一个人亲力亲为。但这些方面并不是他所特别擅长的。比尔·盖茨专长于技术和对市场的长远预见。随着公司规模的不断壮大，微软在人员配备上的缺陷也就暴露了出来。为了使软件做到完美，微软开始需要具有各种特殊技能的人才，而不仅仅是编程高手。微软开始需要产品规划人员、文档编写人员、实用性专家，以及使他们协同工作的聪明的经理、能够回答客户问题的技术人员、能够帮助客户更快上手的咨询专家等。

比尔·盖茨开始为管理上的琐事而烦恼。于是他随即意识到微软需要不懂得技术的智囊人物，就像史蒂夫·鲍尔默，与微软的开发人员共同工作使微软的软件成为成功的产品。事实上，把鲍尔默引入微软是比尔·盖茨做出的最重要抉择之一。于是，鲍尔默在比尔·盖茨的劝说下，从学校退了学，进了微软公司，最终成了仅次于比尔·盖茨之外的第二号最有影响的人物。1998年7月，鲍尔默正式担任微软总裁。2000年1月，鲍尔默更上一层楼，正式担任微软CEO。

鲍尔默是天生激情派。他的管理秘诀就是激情管理。激情管理，给人信任、激励和压力。无论是在公共场合发言，还是平时的会谈，或者给员工讲话，他总要时不时把一只攥紧的拳头在另一只手上不停地击打，并总以一种高昂的语调爆破出来，以至于他1991年在一次公司会议上叫得太猛太响亮，喊坏了嗓子，不得不进医院动了一次手术。

鲍尔默的出现无疑为微软增添了更多的活力与激情。而且他在管理方面的得心应手让比尔·盖茨终于得以从捉襟见肘的管理状态中逃脱了出来，成为一名专职的程序员。

这位更擅长团队管理和公关的微软新掌门一上台，就向媒体公开了"重组微软"的核心价值观：用激情主义在合作伙伴、客户和业界同仁中塑造微软诚信的商业新形象。二十几年发展起来的组织机构被全盘打散重组，将产品研发和营销功能组合为各以目标客户为中心的六个业务部门，几个主流产品线从研发到销售连成一气，每个部门由同一位副总裁负责；另外有一个统管市场营销和服务的集团副总裁扮演鲍尔默从前的角色，对这6人协调指挥，并兼管客户服务。

如果说比尔·盖茨是微软的"大脑"，那么鲍尔默就是微软公司赖以起搏的"心脏"。比尔·盖茨与对手对簿公堂之时，鲍尔默主持了微软的大部分工作，撑起了微软的一片天，当比尔·盖茨正醉心于计算机软件研发之时，鲍尔默却成为他的市场战略家，微软公司的销售工作在鲍尔默的主持下几乎是一步一台阶，彼此的优势互补使得微软的年利润增长率达到28%。

此外，头脑敏锐的鲍尔默始终眼观六路、耳听八方，根据市场变化即时调整战略决策。

鲍尔默总裁酝酿了一年，1998年底宣布了全盘改组方案，重组的结果是副总裁的位置减少了一半。而微软公司随之也再一次公布了创纪录的营业额和利润。所以，微软公司所取得的巨大成就与鲍尔默的贡献是分不开的。

不难看出，比尔·盖茨成为世界首富靠的并不是运气，而是在创业的过程中选择合适的合伙人，通过与性格、能力互补的朋友共同创业，比尔·盖茨将对方的优势运用得恰到好处，用到了具有巨大财富的市场。这样搭档选择，创业中途绝不会陡然夭折，而且创业成功的概率也增加了数倍。在互补的发展过程中，盖茨最终如愿以偿戴上了软件帝国的皇冠。

做人感悟

为了通过朋友去获得"互补"的最大效益，我们应当打破各种无形的界限，根据自己生活、事业上求进步的需要，积极参加相应的交往活动，主动选择有益的朋友，与这样朋友一起共事才能彼此互惠，创造出辉煌的业绩。

求朋友帮忙，要让他知道成事后的好处

要想办事顺利，在求朋友办事的时候，就要让朋友知事情办成后会得到某种好处。要让朋友知道你求他帮忙办事，不是让他白帮忙，事成之后，他也会得到好处。

我们时常在电影电视上看到这样的镜头：一方给另一方暗示或许诺，若把某种事办成功了，我保证给你多少钱，或者某种好处。对方听了以后，精神为之大振，为了得到某种好处，或者由于某种好处的诱惑，他会尽最大的努力，想尽办法，排除万难，最后的结果是很快就把事办成了。

让朋友知道事情办成后的好处，这样做的好处是多方面的。诸如把某事情办好了，其事情本身就会给帮忙者带来好处；或者把事情办好后，会赢得升官发财的机会；或者把事情办好后，会得到对方的回报，满足自己某一方面的需要，这种好处可能是物质的，也可能是精神的。如果对方知道帮你办事会得到你所说的好处，对方肯定会努力去做的。

有好处和没好处，办事就会出现不同的结局。有好处，他会拼了命去给你办，没了好处，能办的事也不能办。

春秋时期的范蠡被奉为中国商人的始祖，他曾辅佐越王勾践打败吴国，

随后功成身退，移居别地经商，以他的聪明才智，很快便富甲一方。

后来，他的次子因杀人获罪而被囚在楚国，范蠡计划用金钱保全儿子的性命；他派长子去办这事儿，并写了封信让他带给以前的朋友庄生，并嘱咐长子说："一到楚国，你就把信和钱交给庄生，一切听从他的安排，不管他如何处理此事。"

范蠡的长子到达楚国，发现庄生家徒四壁，院内杂草丛生，一点也不像个达官显贵的样子。虽说按父亲的嘱托把信和钱交给了庄生，但心中并不以为此人可以救出弟弟。

庄生收下钱和信，告诉范蠡的长子："你可以赶快离开了，即使你弟弟出来了，也不要问其中原委。"

但范蠡的长子由于心存疑虑，故并未离开，又接着去贿赂其他权贵。

庄生虽贫困，但非常廉直，楚国上下都非常敬重他，他的话在楚王那里也很有分量。庄生得了范蠡的好处，自然要为范蠡帮忙，救出他的次子。

庄生求见楚王，说近来某星宿来犯，于国不利，只有广施恩德才能消弭灾祸。楚王于是决定大赦天下。

范蠡的长子听说楚王大赦天下，觉得弟弟一定会被放出来。他觉得这样送给庄生那么多的钱财不就如同白花一样吗？于是又去找庄生把送去的钱要了回来，心中还洋洋得意，以为又省了钱又办了事。

庄生没了好处，心里很不舒服，感觉到被范蠡的长子耍了。于是又去见楚王说："听说范蠡的儿子在我国犯罪被囚，现在人们议论说大赦是因为范蠡拿钱财贿赂大臣的缘故，这于您的名声不利啊。"几句话说完，楚王就决定先杀了范蠡的儿子再实行大赦。结果，范蠡的长子因不愿给人好处，而只好带着弟弟的尸骨回家了。

只要有利可图，总能激起人的欲望。要想朋友为自己办事，就要让对方知道事情办成后会得到好处，让对方知道为你办事值得，那朋友对你所求之事就容易办了。

特别要注意的是就算事情没办好也要感谢朋友。

求朋友办事。肯给人好处和不肯给好处，结局是完全不同的。范蠡的长子因为不愿给办事的朋友好处，结果事没办成，还害死了他的弟弟。这个教训对我们求人办事来说，实在是太深刻了。

在求朋友办事时，有许多人存在这样的心态，对方帮自己办事，如果办成了，理所当然地要感谢对方。如果事情没有办成，就认为不必感谢对方了，甚至埋怨对方。其实，这种心态是不对的。对方即使没有帮你把事情办好，可能是由于某些方面的原因，但他可能尽了自己的最大努力，没有办成，不是他的原因，而是其他原因所致。

交友办事，不管对方是不是把事情办成了，都要感激帮你办事的人。在现实生活中，求人办事并不是一锤子买卖，这次由于某些原因对方没能把事情办成，可能下次有机会可以帮你把其他的事情办好。如果你认为对方反正没把事办好，用不着去感谢对方。好像无功不受禄，不值得去感谢。这样，可能对方认为你没有人情味，以后可能不会再帮你忙了。

在一家公司里，有一个部门经理，为了给下属晋升一级工资，受下属所托，代表大伙儿去找老板，但由于公司效益不好，老板认为还不到加薪的时候，所以予以拒绝，并说明年效益好了，再考虑下属的加薪计划。

由于加薪这件事没有谈成，这位经理的下属们不仅没有感谢经理，还怨经理没有为他们加薪的事尽力。这位经理心里很不好受，认为好心没得到好报，说下属们没有一点人情味。第二年，有给大家加薪的机会时，这个经理不愿意再为下属去奔走，结果弄得下属们失去了加薪的机会。

如果下属理解上司的难处，在上司没把事情办好时，也好好感谢上司，对上司说几句暖心的话，哪怕只善解人意地说一声"谢谢"，上司也会为大家的利益继续去努力奔走的。

现实生活中，很多人功利色彩太浓，似乎没办成事，就没必要感谢对方，也不值得去感谢，这样做自然很让朋友寒心，甚至连朋友也做不成了。以后办事如再需要朋友帮忙的话，谁还愿意帮你呢？

有一个在北京工作的医生，春节时准备回老家过年，但他临时有任务，抽不出时间提前去买火车票，他托付一个好朋友替他去买票。

朋友马上跑到火车站，排了两个小时的队，轮到他时，火车票卖完了。朋友无功而返，医生心里很不高兴，不但连一句感谢的话都没有，还给了朋友一个难看的脸色。

朋友排了两个小时的队，虽然没买到票，没有功劳也有苦劳，一句感谢的话都没听到，相反还被埋怨，很是生气，一句话没说就走了。

朋友没帮他买上票，医生就没有去感谢他，朋友自然心里不好受，因此医生也失去了这位朋友，当然，这位朋友再也不会帮医生办任何他能办到的事情了。

在任何一门语言里，很少有词语一讲出就立刻赢得对方的好感，几乎没有一个词能起到让他人竭尽全力为你办事的作用，然而，"谢谢"这个词却有这个魔力。

说声"谢谢"是世界上最容易，也是最可靠的办法，它是赢得友谊、求人办事的一件法宝。

有一个山村小学教师，在山村里待了许多年，因山区潮湿，他的腿患上了风湿性关节炎，留在山村里继续教书很是不便，他打报告想调到县城的小学里去教书。这个小学教师把调动的事托付给了在县教委的一个朋友，这个朋友当时是职教科的科长，没有什么大的实权，所以并没有帮他把事情办成，但这个朋友为他的调动费了不少的力。

这个小学教师仍然很感谢这个朋友，他想办法从山村里带去土特产给这个朋友，以表谢意，并不时请这个朋友吃饭，说一些"这件事辛苦你了"，"谢谢你的帮助"之类的话。这位朋友因此很受感动，一直没有放弃帮他的忙。后来，这个朋友时来运转，当选为教育局的副局长。于是，很轻松地把这个小学教师调到县城里工作。

如果当初这个小学教师是个势利眼，见朋友没把事办成，就不去表示感激，那他的调动早就泡汤了。

做人感悟

在托朋友办事时，不要太苛求，只要对方为你办事，在没有办成的情况下，也要向对方表示感谢，这一点是千万不可忽略的。这无疑会使两人的感情更融洽，也为对方下一次为你办事埋下了伏笔。